実例
情報セキュリティマネジメントシステム(ISMS)の本質化・効率化

ISO/IEC 27001:2013
(JIS Q 27001:2014)
改正対応版

株式会社NTTデータ　編
矢田篤史・粕谷真紀子・西村忠興　著

日本規格協会

ISMSは一般財団法人日本情報経済社会推進協会（JIPDEC）の登録商標です．
Microsoft, Word 及び Excel は，米国 Microsoft Corporation の，米国及びその他の国における登録商標又は商標です．
本書籍中では，TM，® マークは明記しておりません．
Microsoft Corporation のガイドラインに従って画面写真を使用しています．
本書に記載されている会社名，商品名，又はサービス名は，各社の登録商標又は商標です．

改正対応版の刊行にあたって

　私たちは，NTTデータのある事業部で取り組んだISMS（情報セキュリティマネジメントシステム）活動の本質化・効率化について『実例　情報セキュリティマネジメントシステムの本質化・効率化』（日本規格協会）にまとめ，出版した．この本を出版してから2年以上が過ぎたが，手に取っていただいた方から，"自社の取組みの参考にしたい"などのお言葉をいくつか頂戴した．と同時に，多くの方が，かつての私たちと同様に，ISMSの形骸化や過大な負担感等の問題を抱えていることを知った．そのような中で，2014年にJIS Q 27001が改正され，認証取得組織は新規格への対応が必要になった．

　拙著に記した取組みの本質や底流の考え方は規格の改正によって影響を受けるものではないが，JIS Q 27001:2014を適用している組織の方にもスムーズにお読みいただけるよう上記拙著に対しJIS Q 27001:2014に関する情報を中心に補足・改訂をすることにした．そのため本書は，2013年以前の活動の実例でありながら，JIS Q 27001:2014に基づき解説している箇所があり，少々読みづらいかもしれないが，ご容赦いただきたいと思う．

　本書が，引き続き読者各位のお役に立てば幸いである．また，改正対応版の刊行にあたりお世話になった方々に，心より謝意を申し上げたい．

2015年2月

　　　　　　　　　　　　　　　　　　　　　　　　　　　矢田　篤史

まえがき

　企業において情報セキュリティの維持は重要かつ必要不可欠なものである．そのための手段として，ISMS（情報セキュリティマネジメントシステム）の導入が広がり，多くの組織でISMSを取り入れた情報セキュリティ活動が行われている．しかし，現実には，過剰に膨らんでしまったルールに縛られ，活動に無理が生じ，負担感が大きいというような問題を抱えている組織も少なくないのではないだろうか．

　株式会社NTTデータには，複数の事業部があり，いくつかの組織では，全社ルールに基づく活動に加えて組織個別の活動を実施し，組織単位でISMS認証を取得している．本書を執筆している私たちは，ある事業部の経営スタッフで，事業部の情報セキュリティ活動の推進を担務としている．事業部でISMS認証を取得して数年経ったころから，私たちも先に述べたようなセキュリティ活動の負担が過大であるという問題に頭を悩ませていた．そこで私たちはこの現状をなんとかしようと，事業部の情報セキュリティに関するルールを徹底的に見直し，無駄を排する抜本的な改善を実施した．本書は，私たちの組織で取り組んだISMS活動の本質化・効率化について，記述したものである．私たちは，この取組みの経緯や内容についてできるだけ詳しく説明し，同じような問題を抱えている組織の経営者や情報セキュリティ担当者各位に何らかのヒントを提供できればと考えている．本書で本質化・効率化と冠して述べている考え，内容，取組み等については，特定の会社の一部の事業部での事例にすぎない．しかしISMS活動の本質化・効率化が組織において大変重要なものでありながら，そのことに焦点を絞ったノウハウはそう多くないため，未熟を承知で，私たちの取組みについて書籍として発刊することにした．本書の内容には至らない点もあるかもしれないが，ISMS活動に関する課題に直面している方々にとって，本書が少しでもお役に立てば幸いである．

本活動において，ご指導・ご支援いただいた ISMS 主任審査員の資格をもつ北代州平氏，その他本書出版において尽力くださった関係各位に心より御礼申し上げる．

2012 年 10 月

矢田 篤史・粕谷 真紀子

目　　次

改正対応版の刊行にあたって
まえがき

1. ISMS の本質化・効率化への取組み ……………………………… 11

 1.1 情報セキュリティ活動に関する問題提起 ……………………… 11
 1.2 取組みの成果 ……………………………………………………… 13
 1.3 取組みのきっかけ ………………………………………………… 17
 1.4 取組みの流れ ……………………………………………………… 19

2. ISMS とは何のためにするものか ……………………………… 27

 2.1 情報セキュリティ事象の発生をゼロにするためか …………… 27
 2.2 "社外への証明" のためではなく、"経営への貢献" …………… 31
 2.3 組織の状況を理解し、目的や方針を整理する ………………… 33
   2.3.1 仕組みを構築するうえでの考え方 ……………………… 34
   2.3.2 全体像の整理方法 ………………………………………… 35
   2.3.3 各項目の整理方法 ………………………………………… 40
   2.3.4 パフォーマンス評価との整合方法 ……………………… 46
   2.3.5 まとめ ……………………………………………………… 48

3. ISMS の本質化・効率化に向けて ……………………………… 49

 3.1 情報資産管理台帳は廃止できる ………………………………… 49
   3.1.1 "台帳" は役に立つか ……………………………………… 49
   3.1.2 管理策の解釈の誤解 ……………………………………… 53
 3.2 リスクアセスメントの方法の悪さが本質化・効率化を難しくする … 56
   3.2.1 ルールを減らすことへの恐れ …………………………… 56
   3.2.2 実用的なリスクアセスメントとは ……………………… 58

		3.2.3	従来のリスクアセスメント方法 …………………………… 63

   3.2.3 従来のリスクアセスメント方法 …………………………… 63
   3.2.4 改善後のリスクアセスメント方法 ………………………… 67
   3.2.5 リスクアセスメント結果の新旧比較 ……………………… 91
   3.2.6 改善後の新しいリスクアセスメントシートの特徴 ……… 96
  資料 改善後のリスクアセスメントシート …………………………… 102

4．工夫点 …………………………………………………………………… 125

 4.1 ルールの理解・浸透のためにマニュアルをどう活用するか ……… 125
   4.1.1 ケース …………………………………………………… 125
   4.1.2 問題点の指摘 …………………………………………… 126
   4.1.3 考え方 …………………………………………………… 127
   4.1.4 解決方法の例 …………………………………………… 128
 4.2 教育・訓練を実質的にするには ……………………………………… 138
   4.2.1 ケース …………………………………………………… 138
   4.2.2 問題点の指摘 …………………………………………… 138
   4.2.3 考え方 …………………………………………………… 139
   4.2.4 解決方法の例 …………………………………………… 140
 4.3 気まずい内部監査から脱却するための本質的な視点とは ……… 146
   4.3.1 ケース …………………………………………………… 146
   4.3.2 問題点の指摘 …………………………………………… 147
   4.3.3 考え方 …………………………………………………… 148
   4.3.4 解決方法の例 …………………………………………… 148

5．活動を通じて得たもの ………………………………………………… 157

 あとがき ……………………………………………………………………… 165
 索 引 ……………………………………………………………………… 169

column

"効率化"を方針にする ……………………………… 32
保護すべき対象は何か ……………………………… 87
対象範囲の模式図の作成について ………………… 101
現場において"文書"は絶対に必要か ……………… 130
適用宣言書の自動作成ノウハウ …………………… 133
あえて常識を大切にしよう ………………………… 145
手の打ちやすいことだけで満足していませんか … 155

1. ISMS の本質化・効率化への取組み

1.1 情報セキュリティ活動に関する問題提起

個人情報漏洩事故が大々的に報じられるようになった 2000 年代前半から，業種を問わずあらゆる企業や組織が，高まるセキュリティの要求に何をなすべきか答えを探し求めていた．そのような時期に登場した ISMS（情報セキュリティマネジメントシステム）は，組織のセキュリティ運営における正解のような感覚で多くの組織に取り入れられ，JIS Q 27001 に基づく ISMS 認証取得を目指す組織はその数を拡大させていった．

情報システムインテグレーション事業を営む株式会社 NTT データ（以下，NTT データ）では，ある事業部が ISMS の国際規格である BS 7799 の認証を日本で初めて取得したが，その後，適用範囲外だった他の事業部もそれに続くように ISMS 認証を独自で取得するようになり，現在では複数の組織が JIS Q 27001 に基づく ISMS 認証を維持するようになった．社内共通のセキュリティに関するルールに加え，認証取得組織では，大量の文書や様式とともに数多くのルールが制定され，多くの承認行為と記録作成が求められるようになっていった．それでも最初のうちは，多くの社員がそれらを必要な手続きだと認識し素直に従っていた．特に ISMS 認証取得を顧客から要求されたり，義務づけられたりしている組織は対応せざるを得ないため，少しばかり業務効率が犠牲になってもセキュリティの定着に組織一丸となって取り組んでいた．このように，多少業務効率を犠牲にしながら情報セキュリティ活動を実施しているのは，当社だけでなく他の企業においても同様ではないかと思う．

しかしその活動の結果，ISMS 認証取得から数年後の組織内部の実態は当初期待した"あるべき姿"となっただろうか．当社ではかつて，以下のような状

況が見られた．

- 増えることはあっても減ることのない大量のルール
- 厳しすぎるルールに疲労する現場，面倒や不便からか散見されるルール違反
- そしてまた増えるルール

それらは，図1.1に示すような悪循環となり，現場は次第にISMS活動に対して負担を感じるようになった．そして，いつしかISMSは仕事の邪魔になるものという印象が広がってしまった．

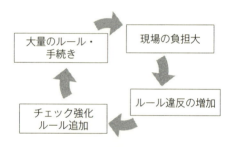

図1.1　負担感のあるISMS

私たち以外にも，このように，過剰に膨らんでしまったルールに縛られ，悪循環に陥っている組織は多いように思う．しかしこの問題を解決しようとしてもそう簡単には解決できない．なぜなら，規格に書かれている要求文は短文だが抽象的であり，一般の研修機関やあらゆる書籍が行っている解説も，"効率化"には直結しないものが多いからである．これらの解説はどちらかというと，確実に認証取得が行えるようにしっかりとした手順を構築する指南をしているものが多い．これはつまり，"効率的に"認証を維持するためのノウハウがほとんどないということである．そのため，担当者は解決の糸口を見つけられず，効率化や無駄の削減のためには，何から手をつけたらよいかわかりにくい状況になっている．"そもそもISMSは，PDCAサイクルをベースに設計されているマネジメントシステムなのだから，このような運用上の問題は活動の過程で解決されていくはずである"という意見もあるだろう．しかし，PDCA

サイクルを回し，継続的に改善していくというアクションが，セキュリティという性質からか"ルールを厳格に，緻密にしていく"，"活動イベントを増やす"方向にのみ展開され，"仕組みを変え，効率化する"といった方向には展開されにくいのが実情である．このように，組織におけるセキュリティ運営は，非効率で負担感のあるものになりやすい．

1.2 取組みの成果

NTT データには，複数の事業部があり，全社統一ルールに基づき情報セキュリティ活動を行っている．いくつかの組織では，全社ルールに基づく活動に加えて組織個別の活動を実施し，組織単位で ISMS 認証を取得している．本書を執筆している私たちは，ある事業部の経営スタッフで，事業部の情報セキュリティ活動の推進役である．事業部で ISMS 認証を取得して数年経ったころから，私たちも先に述べたようなセキュリティ活動の負担が過大であるという問題に頭を悩ませていた．しかし私たちはこの現状をなんとかしようと 2008 年から 2009 年にかけて，事業部の情報セキュリティに関するルールを徹底的に見直し，無駄を排する抜本的な改善を実施した．この取組みについて記述した書籍『実例 情報セキュリティマネジメントシステムの本質化・効率化』を 2012 年に出版したが，その後の 2014 年に JIS Q 27001 が改正された．取組みの本質や底流の考え方は規格の改正によって影響を受けるものではないが，本書は JIS Q 27001:2014 を適用している組織の方にもスムーズにお読みいただけるよう JIS Q 27001:2014 に関する情報を中心に補足・改訂をしたものである．

主に，2.3 章の情報セキュリティ目的や方針に関する部分と，3.2 章のリスクアセスメントに関する部分を大幅に加筆修正した．その他の部分も表現等を見直した．

なお本書はこの事業部の取組みについて記述したものである．よって本書に記載されている取組み内容，組織名等は特段の断りがない限り，すべて事業部

固有のものを指し，NTT データ全体の取組み内容，組織名を指すものではない．また，一登録組織の事例であり，NTT データ，及びその他本書の出版にかかわる組織・団体の見解を示すものではない．

　この取組みで私たちは，今までの私たちの常識を疑いに疑い，セキュリティ活動の効率化を実現した．最終的には，活動実施前である 3 年前と比べて作業時間を 80％削減した．これらのセキュリティ関連作業時間について，図 1.2 に示す．

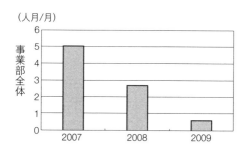

図 1.2 セキュリティ関連作業時間

※セキュリティ関連作業時間：事業部の情報セキュリティ委員会（後述）のメンバーが，情報セキュリティ関連の作業をした時間数の年間合計を 1 か月当たりにしたもの．

　作業時間を減らしてしまうと，インシデントやインシデントにつながるようなセキュリティ事象の発生は増加してしまうのではないかと心配される声もあると思う．しかしセキュリティ事象発生数は増加することはなく，むしろ減少した（図 1.3）．

　その理由は，インシデントやセキュリティ事象発生数の発生に抑止効果がある取組みと，必ずしもそうでなく効果が薄い取組みがあり，効果が薄い取組みを削減しても，インシデントやセキュリティ事象発生数が増えてしまうことはないからである．例えば，ほとんど運用されることはない文書や資料を作ることをやめても，脆弱性が高まるわけではないので，インシデント数やインシデントにつながるようなセキュリティ事象発生数が増えることはない．

　私たちはこの考え方に基づき自らの情報セキュリティ活動について粘り強く

1.2 取組みの成果

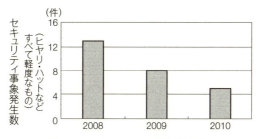

図 1.3　セキュリティ事象発生数

※セキュリティ事象発生数：当事業部で発生した情報セキュリティ事象の数．内訳として，入館カード（社員証）や書類の紛失等である．ただし，紛失した入館カードは無効化する等の対策を実施したこと，紛失した書類には個人情報や機密情報が含まれていなかったこと等により，実害の発生はない．

考え抜き，削減することは難しいとされる部分の省力化に成功した．それは，すべての情報資産を網羅するような情報資産管理台帳をなくしたことや，独自の方法でリスクアセスメントを行うことなどであり，これらを省力化したことで，作業時間を大幅に削減した．これは言い換えると，一般的に広く採用されている方法から，組織に合っている方法を適用するようにしたということである．その他にも，慣習化した手続きの意義を徹底的に再検討し，無駄と思われるものはどれだけ当然のように実施されていても廃止し，効率化できる余地のあるものはどんどん新しいルールへ置き換えた．組織内には，さすがに削減のしすぎではないかと不安視する向きもあったが，維持審査（サーベイランス）と更新審査を終え，本書執筆時点の 2015 年まで認証を継続している．そのうえ，審査員から ISMS の本質化に取り組んでいると，活動当初から継続的に高評価をいただいている．その結果，今では，図 1.4 に示すような好循環が回るような負担感の少ない ISMS 活動を行えている．

この取組みの考え方はシンプルで，多くの組織で既に感じていることに着目したものなので，他の組織でも同様に実践すれば，一定の効果が得られるだろう．

ただし，当然ながら読者各位の組織は各々多くの面で異なっている．

私たちより秘匿性の高い重要な情報を取り扱っており堅牢な情報セキュリテ

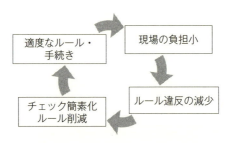

図 1.4　負担感の少ない ISMS

ィガバナンスが求められている環境であったり，逆によりコンパクトな体制で情報セキュリティを保ちたいというニーズがあったりするので，読者各位の組織において適用される場合には各自の責任のもと，十分注意し参考にしていただきたいと思う．また，既に ISMS を導入・運用し，多くのルールで着膨れしてしまった組織に向けて記述しているため，これから ISMS を構築しようとする組織には適用しづらい面があるかもしれない．そのような，ISMS の基本的な説明については，市販の類書をご参照いただきたい．

＜注＞

"情報セキュリティ事象"，"情報セキュリティインシデント"，"情報セキュリティ事故" という用語を現場では混在して使用しているかもしれないが，規格にはこのように定義されている．

【JIS Q 27000:2014】

2.35　情報セキュリティ事象（information security event）
　情報セキュリティ方針への違反若しくは管理策の不具合の可能性，又はセキュリティに関係し得る未知の状況を示す，システム，サービス又はネットワークの状態に関連する事象．

2.36　情報セキュリティインシデント（information security incident）
　望まない単独若しくは一連の情報セキュリティ事象，又は予期しない単独若しくは一連の情報セキュリティ事象であって，事業運営を危うくする確率及び情報セキュリティを脅かす確率が高いもの．

本書でもこの定義に従い事件・事故という用語は使用せず，"情報セキュリティ事象"，"情報セキュリティインシデント"という用語を用いる．

1.3 取組みのきっかけ

本題に入る前に，当事業部がどうして ISMS の本質化・効率化に関する活動に取り組むことになったのかについて説明する．

当事業部は，主に大規模な情報システムの開発・保守を行っており，営業要員を抱える"営業担当"という組織と，SE を抱える"開発担当"という組織がそれぞれ複数あり，それらを"企画担当"というスタッフ部門が支えるというライン・アンド・スタッフ型の形態をとっている．当事業部の人数は，約 600 名（社員・協働者含む）で，拠点は都内 4 か所に分散している．当事業部は，2006 年度に JIS Q 27001:2006 に基づく ISMS 認証を取得，2014 年度に JIS Q 27001:2014 に移行し，以来現在まで認証を維持し続けている．認証取得時には外部のコンサルタントは利用せず，社内で先行して ISMS 認証を取得した組織のノウハウを横展開される形で，半年程度で構築準備を進め認証を取得した．事務局を企画担当の中に設置し"情報セキュリティ運営組織（略称：運営組織）"として 3, 4 名程度の社員を配置するとともに，各担当の代表として，事業部長を委員長とする"情報セキュリティ委員会"という組織を結成した．社員 20 名に 1 名程度の割合で代表者を選出してもらい，その代表者を"情報セキュリティ委員"とし，本業の傍ら兼務という形で情報セキュリティ活動を推進する体制を構築した．結果的に，運営組織がルールを作り，情報セキュリティ委員がそれを受けて現場に展開し，各担当がルールを運用していくという形になり，運営組織が"推進側"，情報セキュリティ委員の所属する各担当が"現場側"というような構図ができあがった．

当組織の情報セキュリティ推進体制を図 1.5 に示す．

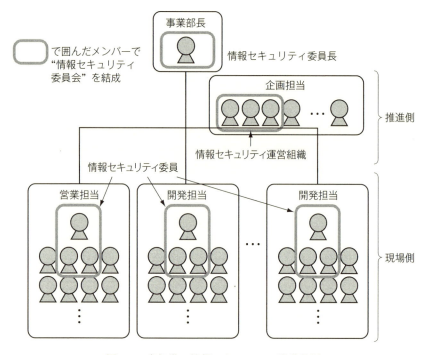

図 1.5　当組織の情報セキュリティ推進体制

　活動を始めた当初の私たちは，認証を取得するためにとにかく"きっちりやること"を重要視し，少々非効率的なルールがあっても，何もしていないよりは，安全サイドに倒してルールを制定し，実施することこそが重要だと考えていた．それは，自分たちで ISMS を企画・運営していくノウハウがまだ十分でなかったために，先行取得組織から展開された方法を"ベストプラクティス"と信じて進めるしかなかったからといえる．また先述したように当社が認証を取得した時期が早く，構築時点で参考にできる情報が少なかったので，私たちのもつノウハウが十分に洗練されたものではなかったという点もある．

　このとき現場の状況はこのようなものであった．

　　・情報セキュリティといえば，面倒なものという印象を多くの社員がもっていた．

・ルールは増えることはあっても減ることはないが，ルールを減らすということは言いづらい雰囲気があった．

　もちろん，現場からの不満の高まりを無視していたわけではなく，いくつかの改善活動を実施していたが，本質的なものにはなっていなかった．

　当時，情報資産管理台帳というすべての情報資産を列挙した表を作成することが，各現場の組織に求められていたが，この一覧の作成は，数人で何日も手間がかかる大変なものだった．また，作り終えても最新の内容に更新することが必要なので，ひたすら資料の一覧を作っては更新することがISMS活動のメインのようになっていった．そのため，負担を削減するためにExcelマクロを使ったメンテナンスの自動化ツールの作成や，更新頻度を高めることで変化分を少なくする取組み等を実施した．しかし，セキュリティ活動が負担だという声に対して，自動化ツールを使うための準備が必要であったり，更新頻度を高めることで監視が強化され作業が増えたりするなど，作業を増やす"改善という名の改悪"を実施しており，どんどん手続きが増大していった．

　このような状況の中，現場の不満は運営組織に向かい，運営組織と現場の代表者である情報セキュリティ委員は対立し始め，仕事の押しつけ合いが始まるようになってしまった．そこで，これらの問題を抜本的に解決するために，ISMSの本質化・効率化に向けた取組みを開始することになった．

1.4　取組みの流れ

　次に，ISMSの本質化・効率化への取組みについて，どのような流れで実施したかを示す．

　まず，私たち運営組織は，対立関係にあった現場の情報セキュリティ委員と運営組織との関係を改善するため，現場の不満をよく聞くことにした．読者の中には，現場の担当者の意見をじっくり聞くと，大量の意見が寄せられ，扱いきれなくなるという懸念を覚える方もおられるだろう．ただ，必ずしも即座にフィードバックをする必要はないことと，現場の意見について採否の基準をも

つことができれば，推進側も落ち着いて対応することができると思う．私たちはこのとき，対立をやめ，ルールの中に現場の意見を取り入れることが，より納得性の高い ISMS のためには必要不可欠であると考え始めていた．そのため，話合いの場では"それは現場の理屈だ"とか"そうすることが決まっているから仕方ない"というような運営組織側の都合で話を遮ることなく，じっくりと対話する時間を設けた．すると，情報セキュリティ委員は，"セキュリティが重要であることはよく理解しており，セキュリティレベルを落としたいわけではない．ただ，この申請が安全に仕事をすることに役立つのか，この記録を残すことがセキュリティインシデントを起こさないことにつながるのか，と疑問に思うような無駄な作業をさせられている"，と感じていることがわかった．

そこで私たちは，さらに無駄な作業とは何を指しているのかについて具体的に特定することにした．そのために，どの作業にどれだけ時間がかかっているのか作業時間の調査や，アンケート調査を実施した．また，各自の不満を付箋に書いてもらって壁に貼り出したうえでそれを発表するなどの意見交換会を開催したりした．

様々な意見に触れる過程で"委員は，効果は少ないが手間のかかるタスクをするときに負担感を覚えている"と仮定し，効果（セキュリティへの貢献度）と手間（作業時間データ）のバランスについて調査した．すると，効果と手間のバランスが非常に悪いタスクをいくつか見つけることができた．私たちはこれを"負担感の要因となるタスク"と位置づけ問題点をさらに考えることにした．

●調査内容

まず，情報セキュリティの有識者として，運営組織メンバーに対し，実質的に役立っているタスクには高い点数をつけ，役立っていないタスクには低い点数をつけるアンケートを実施した．それを"効果"として，グラフの縦軸に設定した．次に，"手間"として，情報セキュリティ委員の作業時間データを用

いた．一定期間，委員には作業状況を調査させてもらい，その結果をグラフの横軸に設定した．すると，グラフの右下に位置するタスクが，効果は少ないが手間は大きいタスクとなる．そのようにして作成したグラフを図1.6に示す．

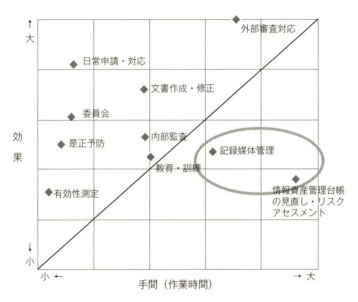

図1.6 タスク別作業時間とセキュリティ効果との相関

私たちの組織では，"情報資産管理台帳の見直し・リスクアセスメント"，"記録媒体管理" が改善候補として特定できた．

"情報資産管理台帳の見直し・リスクアセスメント" と "記録媒体の管理" について，当時の管理ルールは以下のようなものである．

【情報資産管理台帳の見直し・リスクアセスメントに関するルール】
・各担当では，すべての情報資産を列挙した情報資産管理台帳を作成し，新しい情報資産が増えたときは速やかに更新すること．
・また情報資産管理台帳とは別に，情報資産目録を作成すること．情報資産目録は情報資産管理台帳を詳細化したもので，情報資産管理台帳に

は，△△資料一式，○○関連資料とまとめて掲載してよいが，情報資産目録は，それぞれの具体的な資料名を個別に記載すること．
・各担当では，年に一度リスクアセスメントを実施する前に，情報資産管理台帳を見直し，内容が最新化されていることを確認すること．そのうえで，リスクアセスメントのインプットとして情報資産管理台帳を用い，各担当でリスクアセスメントを行うこと．

【記録媒体の管理に関するルール】
・記録媒体を購入したときは，シリアル番号を振り，記録媒体管理台帳に全数記録したうえで，鍵つき書庫に保管する．保管中の記録媒体については，毎週残数及び個体有無について，台帳と突き合わせて確認すること．
・記録媒体を使用するときは，どうしても使用しなければならない理由や管理手順などを詳細に記述した使用許可を伺う決裁を行い，課長，部長，事業部長の了解を得ること．
・そのうえで，実際に使用するときは，使用期間，使用者，終了時の扱い（廃棄，返却，外部に提供，のいずれか）について，"記録媒体利用管理簿"に漏れなく記録すること．
・保管方法が適切か，四半期に一度内部監査を受けること．
・情報を書き込み，運搬を行う場合には，秘密分散を行う．また，セキュリティポーチの着用で肌身から離さないこと．
　※すべてのパソコンには制御ツールが導入されており，上司の許可がなければ媒体への情報書込みはできない．

情報資産管理台帳の見直し・リスクアセスメントは，作業の大半は情報セキュリティ委員が実施する作業であるが，記録媒体の管理は，各担当で日々実施している作業であり，影響の範囲が広いため，私たちは，記録媒体の管理の改善を優先的に考えることにした（情報資産管理台帳の見直し・リスクアセスメ

ントの改善については，第3章で詳しく述べる).

　この記録媒体の管理は確かに手間がかかるが，これを"大変だけれども必要なもの"ではなく"無駄"と感じる理由について考察したところ，ルールのピントがずれていることが効果と手間のバランスの悪さの要因であると考えた．

　表1.1に示すとおり，実際に情報漏洩のリスクが高い部分は情報を書き込んでから情報を削除するまでであるのに対し，現状は空媒体の保管管理に重点が置かれ，この部分に手間がかかっている．すなわち，リスクが高い部分と，対策が厚い部分とがずれているということである．このような管理ルールのピントのずれが，"こんなことをして何になるのか"という徒労感や負担感の要因になっていると判断した．

　このように，単純に"大変で手間のかかるルール"ではなく"ピントがずれたルール"が他にないかを検討すると多く見つかった．それらは，形骸化してしまうような手続きが多いルールや実運用が困難なルール，また，なぜそれが必要なのか納得感がないルールなどであった．

　私たちは，これらの問題の根本原因は"リスクアセスメントが正常に機能していないこと"であると判断した．リスクアセスメントとは自組織が保有する情報資産にはどのようなリスクがあるのかを分析し，明確にすることである．この結果に基づいてどのような管理策を採用するかを決定するのだが，この採用した管理策を実現する手段としてルールが策定されるので，まさにルールとリスクの対応をとるためには，組織の現状に対して妥当なリスクが検出されるようにリスクアセスメント方法の質を高めることが非常に重要である．すなわち，リスクアセスメントが正常に機能していないと，ピントのずれたルールが増えていってしまうのである．そのため，私たちはリスクアセスメントの改善から着手した．また，それに伴って，そもそもISMSは何のために実施するものなのかという根本的な話に立ち戻り，より適切なISMSとはどういう形なのかについて検討を重ねた．

　第2章でISMSは何のために実施するものなのかについて，第3章でリスクアセスメントの改善について詳しく述べる．

表 1.1 記録媒体のライフサイクルに応じた

	媒体受入 →	保　管 →	利用開始
【脅威】		物品としての紛失・盗難 （情報資産に対する脅威はない）	
【脆弱性に対する既存の対策】	個別番号の付与・台帳に登録	個体確認 （毎週）・ 媒体監査	決裁取得・利用簿に記録・管理 状況確認 （毎週～半年）
【資産価値】			
【情報漏洩リスク】			
【既存の対策の重さ】	●	●	●

←──── 対策・手続きが重い ────→

（●はそれぞれの大きさを示す）

1.4 取組みの流れ

リスク評価と対策実施にかかる手間量の比較

情報書込	運搬・使用	情報削除	利用終了・返却	廃　棄
盗難・紛失により情報が漏洩する脅威			消し忘れにより情報が漏洩する脅威	
●	●	●	●	●
制御ツール	肌身離さない・分散運搬等	制御ツール	利用簿に記録	台帳に記録・利用簿に記録
●	●	●	●	●

← リスクが高い →

●	●	●	●	●
●	●	●	●	●

2. ISMSとは何のためにするものか

2.1 情報セキュリティ事象の発生をゼロにするためか

　ISMSを構築する目的を"情報セキュリティ事象の発生をゼロにするため"ととらえる組織は多いようである．かつての私たちもそのようにとらえていた．例えば，携帯電話を落としてしまったり，ビルの入館証を駅で落としてしまったりすることは，情報セキュリティ事象として扱われることになる．個人情報や機密情報の漏洩，事務所への不正侵入等の原因になるため，実際に被害にあったという事実がなくても，"紛失"の時点でこれを事象として扱う．

　しかし，数百人の組織でビルの入館証を落としてしまう人や，携帯電話をなくしてしまう人はどれだけいるだろうか．全くないということはかなり考えにくく，年に数回，実害発生を伴わない範囲で何らかの事象は起きてしまうものである．ISMSは，こういったことをゼロにするために実施しているのだから1件でも発生したらどこかに問題がある，改善が必要だ，とかつての私たちは判断していた．

　そのため，起こしてしまった当事者に対して，真の原因を探るため"なぜそれが起こったのか"を繰り返し問う"なぜなぜ分析"をさせていた．たいていの場合，当事者は罪悪感からか真摯になぜなぜ分析を行うのだが，結局"ぼんやりしていた"以上に深掘りはできずに終わってしまう．そこで，本人がぼんやりしてしまっても何事も起きないようにするためのチェックリスト等を考案し，全員に守らせるように導入したりしていた．

　これは当然の行動のように見えるが，これが過剰な管理の原因となった．しばらくすると，また同様の事象が起きてしまう．例えば，今回の件はちょっとだけ違う要因で，"別にぼんやりはしていないが，身につけていたケースから

ぽろっとこぼれ落ちてしまっていた"とする．その結果再びチェックリストに追加したり，不注意をなくすために相互けん制による承認行為を追加したりし，運用や監視を強化する．こうして結果的に，ルールを守る側にとっても，ルールを運用していく側にとっても，管理が重くなって管理の肥大化を招いてしまった．

　ではこうした管理の肥大化を招く要因はどのようなものだろうか．私たちは，チェックリストの使い方が一つの要因だと考えた．

　チェックリストのよい点は，確認観点が一覧化され，一定の水準でチェックができる点である．ただ，チェックの効果について，チェック実施者に納得感がないと形骸化してしまう．チェック実施者が納得していなかったり，チェックの効果を感じていなかったりすると，ただひたすら"チェックした"という証跡を残すための作業をしているだけになってしまう．この状態を防ぐためには，チェックの結果，"ああそんな観点があったか"，"なるほど，このようにチェックすればいいんだな"と思うような発見や気づきが必要であり，"確かに，チェックリストを使って確認すべきものだ"とチェック実施者が感じ，納得する必要がある．要するに，多少乱暴かもしれないが，状況によってはチェックをしても結果がすべてOKになり，何の気づきもなくなったら，そのチェックリストの役目は終わったということだと思う．逆に言えば，チェックリストにNGが出ることは"いけないこと"ではなく，チェックリストにより，気づかされることがあったということである．

　ところがこのチェックリストが次第に，"これだけ確認したのだから十分だろう"という意味で好ましくない行為の許可書のような使われ方をされ始めることがある．そうなると，許可を求められる側はチェック項目を見て"こんな甘いチェックでいいのか"とより厳しいチェックを求める方向に傾きがちになる．例えば携帯電話のチェックリストで，利用者は仕事のために携帯電話を使っているのに，チェックリストをつけることで監督者に対して許しを請うような立場に置かれてしまい，チェックリストは全部OKで当たり前という暗黙の了解ができあがってしまう．したがって，許可を求めるためにチェックリス

2.1 情報セキュリティ事象の発生をゼロにするためか

トを運用すると，チェック項目が厳格化し，NG も認められなくなることで管理がエスカレートしていく傾向が強くなる．私たちはこのチェックリストの運用の仕方に注意し，チェックリストですべてを解決しようとせず，教育や情報セキュリティに関する定例会議の場で基本的な考え方について認識をあわせ，個々の場面で本来何をするべきか関係者の間で理解が深まったところで，忘れがちになる項目のみチェックリストにし，運用するなどの工夫をしている．チェックリストですべてを網羅し，確実に使用されるように努力するという方向のみに注力するのではなく，一連の活動としての効果が高まるような手段の一つとしてチェックを組み合わせるようにしている．

では，その他に管理の肥大化を招いてしまう要因としてどのようなものがあるだろうか．それは，そもそもの目的設定のあり方であると思う．

私たちは，"**セキュリティ事象も含め，何事も起きないようにする**"ことばかりに注力せず，"**何か起こってしまった場合でも，適切な対応により回復できるようにし，生じたリスクが想定した範囲に収まるようにする**"仕組みが**ISMS である**と考える．つまり，ISMS の真の目的は"リスクのコントロール"なのである．

先ほどの携帯電話の例を考えてみる．携帯電話を落としてはいけない，という完全無欠な人間でなければ守ることができないルールを設定し，それを強化するのではなく，うっかり携帯電話を落としても情報漏洩につながらないようにする方法はないかと考える．これは，フェールセーフといって，ミスをしても安全な停止の仕方をするように電子機器等を設計する際に取り入れられる考え方である．例えば，道路上の信号は故障した際，赤が灯火されるように設計しておくことで，青が灯火されたままになる場合より，交通事故の発生を抑止できるというようなことである．携帯電話を紛失してしまうという事象の場合，紛失に気づき次第すぐに遠隔操作でロックをかける，又は日ごろから端末にはパスワードでロックをかけておくなどといった手段が考えられる．これにより深刻な事態を招かないことを目指すことができ，携帯電話につきまとうリスクを低減することができる．このように，"携帯電話を落としてしまった

場合の情報漏洩リスクは到底ビジネスとして受容できないので，ロックをかける"などといった取組みで，情報漏洩リスクを下げることがリスクのコントロールである．

この考え方は，何も特別なことではない．

例えば，車の運転中，制限速度や標識などの交通ルールを順守しているのは交通事故に遭遇するリスクを低減していることになっているし，シートベルトをしているのは交通事故にあった際の怪我のリスクを減らしている．しかし残念ながら交通事故は起きてしまう．万が一交通事故を起こしてしまっても，エアバッグは怪我のリスクを下げるためにあり，すぐに救急車を呼ぶ行為は，人命にかかわるような深刻な事態に陥るリスクを低減している．つまり既に私たちは日常生活の中で，リスクをコントロールし，あらゆる対策を実施しているのである．ISMSはそれを仕組みとして可視化し，確実に行えるようにするものである．

ISMSを構築し，適切な運用を行っている場合のISMSの効果について，図2.1に示す．平常時よりISMSに取り組んでいる組織の価値は上昇していく．そして，不可避なリスクが発生した場合でもいったん落ち込んだ価値は，発生

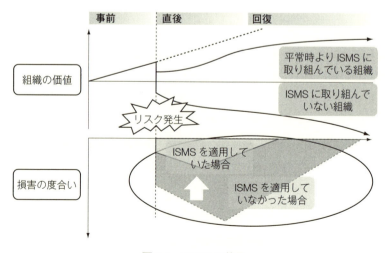

図 2.1　ISMSの効果

直後からの適切な対応により早期に回復し，ISMS を適用していなかった場合に比べて，損害額を軽減することが可能になる．また，ISMS の運用により，未然にリスクの発生を防いだ場合，損失を発生させずに済む．

2.2 "社外への証明"のためではなく，"経営への貢献"

では，ISMS をリスクコントロールの手段だと考えたとき，それは組織の経営に対してどのような意味をもつのだろうか．セキュリティと経営の話はつながらないと疑問に思われるかもしれないが，ISMS は"情報セキュリティ'マネジメントシステム'"なのである．もともと経営に対する意味を考えることに ISMS の本質はあると考えている．組織の経営に対する意味とは，"適切なリスクコントロールをした結果，不測の業務停止や被害の拡大を抑制し，限られたリソースの中で自組織の経営に貢献するもの"であると私たちは考える．

一般に情報セキュリティを語るとき"水桶の一番低い部分やチェーンの最も弱い部分が，組織のセキュリティレベルを決定する"と言われる．これは組織内の全員が一定の水準を保たなければならない，という教訓ではあるが，どこまでもセキュリティに手間をかけ，全員がセキュリティの専門家であるような状態にしなければならないという意味ではない．

JIS Q 27001:2014 の 0.1 にも，

"ISMS の採用は，組織の戦略的決定である．"

"ISMS の導入は，その組織のニーズに合わせた規模で行うことが期待される．"

とある．

もし ISMS が，セキュリティがしっかりしているという社外への証明をしてくれる肩書き，という点のみにとらえられるとどうなるか．認証を取得するためだけに，ガイドラインや参考書に記載されたベストプラクティスを取り入れたり，他の組織をまねたりして ISMS を構築したとする．すると"認証を取得しているあの組織はこんなことまでやっている．自分たちもやっていない

"効率化"を方針にする

　本書を読まれた読者が，後述する情報資産管理台帳の廃止やリスクアセスメント方法の変更を自組織に提案する際には，どのように組織内で承認してもらうかを考えることになるだろう．"他の組織でやっているから"，"有効に利用できそうだから"，といった一側面からだけでは理解を得られないことが多く，"審査で問題になるのではないか"，"今の方法が有効でないのはきちんとできていないことが原因なのではないか，今より厳密に管理すればいいのではないか"など，様々な意見が出ることだろう．このような意見に屈してしまい，"組織全員のために効率化を提案しているのに，そういうことを言われるくらいならやめる"とあきらめ，従来から積み上げてきた無難な現状踏襲に戻ってしまうことがよくある．

　ISMS の話に限ったことではないが，組織での活動は組織の方針に沿ったものでなければならない．だが，方針が"情報セキュリティの強化，徹底"だけである限り，なかなか効率化施策には至らないものである．しかし，活動は1回だけ，1年だけで終わるものではない．継続的に改善するためには，効率化という方針に基づき実施した内容を，マネジメントレビューで評価し，さらに効率化を続けていくのかという点を組織の共通課題として認識し考えていく必要がある．効率化は終わったと判断できるまでには時間がかかるだろう．別の言い方をすれば，終わりはないかもしれない．脅威の変化や運用の定着などの経年変化の中で，継続してきた運用は浸透状況により効率化するとともに新たな脅威に対応していかなければいけないからである．そうしなければ論理的に ISMS で定義する手続きは増えていってしまうことになる．

　"効率と情報セキュリティは別物"，"情報セキュリティに効率を求めるのはナンセンス"，"方針に効率化なんて書いたら審査で指摘されるのでは"との意見が聞こえてきそうだが，先述したとおり，情報セキュリティは限られたリソースの中で自組織の経営に貢献するものであり，コストをいくらでもかけていいものではない．重要な情報は守らなければいけないという大原則には従うが，自組織の現状をよく把握したうえで対策に濃淡をつけることが重要である．どのようにして，自組織の現状をよく把握し，対策につなげるかという点については，次章を参照していただきたい．

　"効率化の推進"，"セキュリティ活動の無駄を廃しシンプルな ISMS になるよう改善する"といった方針を，自信をもって立てていただきたい．もちろん方針は一つだけにする必要はないので，"意識の向上"，"対策の強化"など組織が重視していきたい方針も含めて活動すべきである．

column

とダメなんじゃないか"と,しっかりしている組織という体面を維持するためだけに対応することになる.すると何かをやめたり,減らしたりすることができず,結果的に際限なく管理を重くし続けなくてはならなくなる.しかし,経営方針やリソースの保有状況が異なる組織間で,セキュリティ対策だけが個々の違いを無視して同じであることはなく,何をもって"しっかりしている"といえるかは会社・状況によりそれぞれ違いがあるはずである.そこで,ISMSを経営に貢献するものとしてとらえ,ISMSは,セキュリティインシデントにより顕在化するリスクを下げることで業務停止や被害を減らす,自組織の経営に貢献する活動であると意識すると,限られたリソースの中で,本業とのバランスをとることが重要だという認識が生まれ,ISMSを本質的なもの,効率的なものに変えていこうというきっかけをつかむことができると思う.

2.3 組織の状況を理解し,目的や方針を整理する

では,実際にISMSの目的や方針についてどのように整理すればよいのだろうか.

目的や方針がどういう内容であるべきかについては,各組織の置かれた状況や組織文化などによって大きく異なるため,絶対的な正解はないと考えている.そのため本節は,それぞれがどうあるべきかについて論じるのではなく,それらを整理する方法及びその過程での工夫点を紹介することを主眼とし,私たちの運用実例のポイントを紹介する.

私たちは,前節で述べたとおり,ISMSが経営に貢献できるようにするために,実効的な目標管理の仕組みを作るようにしたいと考えた.そのためには,組織全体の方向性や理念から,現場の活動までが一貫しており,全体として一つの方向に向かうような仕組みになっていることが重要である.具体的には,"組織の目的","ISMSの意図した成果","情報セキュリティ方針","情報セキュリティ目的"が,一貫性をもってつながっているように各項目を設定することで,それを実現しようとした.

2.3.1 仕組みを構築するうえでの考え方

私たちは，前提として情報セキュリティ活動を現場レベルで根付かせたいというねらいがあったため，MBO という目標管理制度を参考にした．

MBO（management by objectives：目標管理）とは，あらかじめ評価者（上司）と，被評価者との間で目標に関する合意を結び，それに対する達成度合いで評価をする方式のことで，人材マネジメントの分野でよく用いられる．

- 被評価者が上位部門の目標を理解したうえで，各自が目標を設定する．
- 目標はできるだけ定量的に測定が可能なものがよい．
- 対象期間が始まる前に，評価者と面談を行い，設定した目標を必要に応じ合意のうえで修正する．
- 目標に基づき，被評価者は自ら具体的に行動する．
- 対象期間が終わったときに，結果とそのプロセスについて振り返りを行い，評価者との面談の中で，次の対象期間についての課題を刷り合わせながら，次回目標設定に備える．

（参考：グロービス・マネジメント・スクール MBA 用語集）

この仕組みの素晴らしいところは，"従業員は日々の仕事を積み重ね，やり遂げることで成長していく"という考え方を前提としているため，評価システムとしてだけではなく能力開発システムとしての側面も併せもっているところである．一方で，情報セキュリティ推進活動は本業とは切り離されがちである．本来は，情報セキュリティは誰かが意図的に推進しなければ維持できないようなものではなく，組織の前提として当然に備わっているものでなければならない．よって，仕事をする数人程度の集団の単位で自主的にリスクアセスメントを実施し，それに合ったルールを自ら設定し，運用し，維持・改善できるようになることが理想的な姿である．身近な例では，警官が目を光らせていなくても交通事故が起きないようにする社会とはどのようなものか考えるようなことである．交通規則というルール，教習という事前教育と運転免許制度という力量を維持する制度，ロードサービス業者などのサポーターの存在，信号などの技術的な仕組みが，互いに整合している．そのうえで，そのような仕組み

2.3 組織の状況を理解し，目的や方針を整理する

だけではなくドライバー一人ひとりが安全運転しようという自覚をもち，適切な行動をとることが必要不可欠である．"疲れがたまっているときは交通事故を起こしやすいので，しっかり休息をとってから運転する"，"自分は運転初心者なので合流車線には特に注意する"など，個人レベルでの決め事を設定し守ることで，全体として，いつでも誰でも車を使って移動できるという便利な社会が維持され，より安全な社会に向け改善され続けている．そのような整合がとれた小さな社会をISMS適用範囲の中で作っていくことが，究極的に，認証取得組織の目指す姿であると私たちは考える．そのため，この情報セキュリティ目的の目標管理の取組みをきっかけとし，それぞれの現場で自分たちが何をすべきか考え，実践に移し，自主的にPDCAサイクルを回していけるようにすることが重要だと考えている．

2.3.2 全体像の整理方法

では，上記の考え方をどのように実現するか．JIS Q 27001:2014の4の要求事項を確認する．

【JIS Q 27001:2014】

4 組織の状況

4.1 組織及びその状況の理解

組織は，組織の目的に関連し，かつ，そのISMSの意図した成果を達成する組織の能力に影響を与える，外部及び内部の課題を決定しなければならない．

注記　これらの課題の決定とは，JIS Q 31000:2010の5.3に記載されている組織の外部状況及び内部状況の確定のことをいう．

"組織の目的"とは，組織の根本的な目的――なぜこの組織は存在しているか，そもそも何のためにこの組織はあるのかということ――であり，"ISMSの意図した成果"とは，経営の視点に立ちISMSを通じて何を実現しようとしているかということである．

このことから，この"組織の目的"と"ISMSの意図した成果"が密接な関係にあることがわかる．ここで要求されている"外部及び内部の課題"は，組織における経営課題の設定と同様，簡単に定まるものではないが，注記が参考になる．

注記どおりJIS Q 31000:2010の5.3に従い，組織の状況を俯瞰すると，大小様々な粒のものが多岐に渡り洗い出される．しかしこの結果を並べても，何をどこまで課題とすればよいか判断に困る．また，××ができていないという形で目につく問題点があがったとしても，それは課題そのものではなく，何のために何を実現したいのか，という視点に基づき，"達成すべき題目"は何かを考え抜かないと，本質的な課題を抽出できない．そのため，ここで"組織の目的"と"ISMSの意図した成果"に照らして，何を達成しなければならないのかをじっくり検討する必要がある．すなわち，課題の定義においても"組織の目的"と"ISMSの意図した成果"が重要であることがわかる．

次に，情報セキュリティ方針，情報セキュリティ目的について，JIS Q 27001:2014の5を確認する．

―――――――――――――――――――【JIS Q 27001:2014】―

5 リーダーシップ

5.1 リーダーシップ及びコミットメント

トップマネジメントは，次に示す事項によって，ISMSに関するリーダーシップ及びコミットメントを実証しなければならない．

a) 情報セキュリティ方針及び情報セキュリティ目的を確立し，それらが組織の戦略的な方向性と両立することを確実にする．

（略）

5.2 方針

トップマネジメントは，次の事項を満たす情報セキュリティ方針を確立しなければならない．

a) 組織の目的に対して適切である．
b) 情報セキュリティ目的を含むか，又は情報セキュリティ目的の設定の

ための枠組みを示す.

これらの記述から，以下のことがわかる．
(1) 情報セキュリティ方針，情報セキュリティ目的の両方ともトップマネジメントが確立するものとされている．
(2) 情報セキュリティ方針は，組織の目的に対して適切であることが求められていることから，組織の目的に基づいて，情報セキュリティ方針を作成することになる．
(3) 情報セキュリティ方針は，情報セキュリティ目的を含むか，又は情報セキュリティ目的の設定のための枠組みを含むことになる．

すなわち，図2.2のような構造が考えられる．

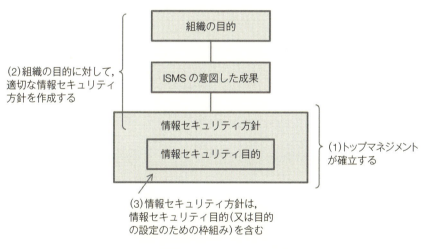

図 2.2　情報セキュリティ方針の構造

(3)の"情報セキュリティ目的の設定のための枠組み"とは，どのくらいの頻度で，誰が，どのようにして情報セキュリティ目的を設定するか，ということであると私たちは判断した．

また6.2には以下のような記述がある．

2. ISMS とは何のためにするものか

――【JIS Q 27001:2014】―

6.2 情報セキュリティ目的及びそれを達成するための計画策定
　組織は，関連する部門及び階層において，情報セキュリティ目的を確立しなければならない．

　この関連する部門及び階層を，適用範囲と同じ"事業部"ととらえ，事業部で一つの情報セキュリティ目的を設定することもできる．しかし私たちは当組織における関連する部門及び階層を，"事業部"ではなく"担当"とした．それは，担当するお客様や業務の違い等から"担当"ごとに情報セキュリティ目的をとらえたほうが実効的であり，2.3.1 項で述べた MBO の考え方をスムーズに体現できると考えたからである．したがって，担当レベルで情報セキュリティ目的を設定することとし，事業部レベルでは，情報セキュリティ方針の中に，"継続的改善に向け，情報セキュリティ目的は，毎年担当ごと設定し，委員会で審議・決定する．"というように情報セキュリティ目的の設定のための枠組みを記すこととした．

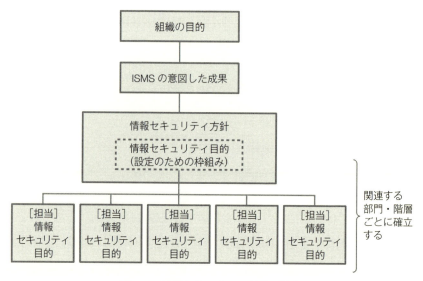

図 2.3　情報セキュリティ目的の構造

このことから私たちは，図2.3のような構造を描いた．

特に，私たちは6.2の要求事項より，情報セキュリティ目的は，定量的に評価できるようにするほうがよいと考えた．6.2の要求事項を確認する．

【JIS Q 27001:2014】

6.2 情報セキュリティ目的及びそれを達成するための計画策定

組織は，関連する部門及び階層において，情報セキュリティ目的を確立しなければならない．

情報セキュリティ目的は，次の事項を満たさなければならない．

a) 情報セキュリティ方針と整合している．
b) （実行可能な場合）測定可能である．
c) 適用される情報セキュリティ要求事項，並びにリスクアセスメント及びリスク対応の結果を考慮に入れる．
d) 伝達する．
e) 必要に応じて，更新する．

組織は，情報セキィリティ目的に関する文書化した情報を保持しなければならない．

組織は，情報セキュリティ目的をどのように達成するかについて計画するとき，次の事項を決定しなければならない．

f) 実施事項
g) 必要な資源
h) 責任者
i) 達成期限
j) 結果の評価方法

---

f)～j)の各項目で，実施事項や結果の評価方法など，かなり細かい事項の決定が要求されている．責任者，達成期限や結果の評価方法などを決定するレベルまで落とし込むことになるのであれば，それはオペレーションレベルで達成

したかどうかが明確になるくらい具体的なものになると思う．b)には，"(実行可能な場合）測定可能である"と，実行可能な場合という条件がカッコ付きで表現されているが，f)～j)の各項目を決定する時点で，実質測定可能なレベルのものになると私たちは考えた．なおこれらはもはや"目標"と呼んだほうが馴染むかもしれないが，規格に従い"目的"という表現をそのまま用いる．

2.3.3　各項目の整理方法

これまでを総括し，私たちは，図 2.4 のような関係性で各項目の位置づけを整理した．

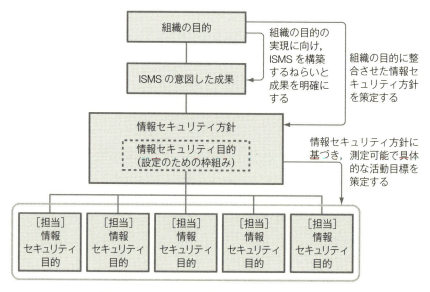

図 2.4　目的や方針の構造（策定について加筆）

そのうえで，どのような内容がふさわしいか考えていく．

【組織の目的】

組織の目的は，先述のとおり，組織の枠組みを形作るレベルの話であるので，組織の根本的な目的——なぜこの組織は存在しているか，そもそも何のた

2.3 組織の状況を理解し，目的や方針を整理する　41

めにこの組織はあるのかということ——である．

　当組織の場合，企業理念を実現することが組織の目的としてふさわしいと考え，当社の企業理念を，そのまま組織の目的とした．

　　（例）　情報技術で，新しい"しくみ"や"価値"を創造し，より豊かで調和のとれた社会の実現に貢献する．

【ISMS の意図した成果】

　ISMS の意図した成果は，組織の目的を実現するために，どのような意図をもって ISMS を構築し，どのような成果を得るかということである．私たちは，情報技術を用いて，社会に貢献していくためには，情報を扱うプロとして責任ある行動をとることが肝要であると考えている．特に，自分たちが企業理念で示すように，より豊かで調和のとれた社会の実現に貢献するためには，当社のお客様とともに新しい仕組みや価値を作り出していかなければならない．そのためには，お客様から信頼され，長期にわたる関係を維持し，ともに歩み続けなくてはならない．その姿を実現させるために，当組織では，組織として情報を適切に保護する目的で ISMS を導入している．したがって，私たちの ISMS の意図した成果は，以下のとおりとした．

　　（例）　保有する情報を適切に保護し，お客様からの信頼を獲得・維持すること．

【情報セキュリティ方針】

　JIS Q 27000:2014 によると，方針とは，"トップマネジメントによって正式に表明された組織の意図及び方向付け"と定義されている．私たちはこの点から，JIS Q 27001:2006 の"ISMS 基本方針"，"情報セキュリティ基本方針"に該当するものと判断し，二つの方針を統合し，組織の目的，ISMS の意図した成果と整合したトップマネジメントの宣言として明文化した．

　参考までに，重要な箇所を一部抜粋する．

　　（例）　当組織すべての社員・協働者が一丸となって情報セキュリティの維

持・向上に努める．

【情報セキュリティ目的】

当組織の場合は，担当部長が，担当内の情報セキュリティについて責任をもち，リスク所有者としての役割を担うことから，担当部長が，年度ごとに自担当の情報セキュリティ目的を設定し，組織全体で目標管理することとした．

そして，先ほど整理した情報セキュリティ方針・情報セキュリティ目的の位置づけに立ち返り，各担当の情報セキュリティ目的の達成が，組織全体の方向性への貢献度を測るイメージを描いた．

具体的には，情報セキュリティ目的の策定時は，事業部の情報セキュリティ方針に基づきつつ，各担当固有の要求事項やこれまでのリスクアセスメントなどから，どのような情報セキュリティ目的が適切であるか考える．そして，策定した結果，情報セキュリティ目的をどこまで達成すれば何点かという評価基準をあらかじめ具体的に設定する．評価時は，その設定した基準に基づき，達成できた程度を具体的に評価することとした．

ここでの工夫点は，主に二つある．

第一に，情報セキュリティ目的の要求事項を様式に当てはめ，各事項を満たすことができるよう様式を設計した点である（図2.5）．

情報セキュリティ目的の要求事項を改めて確認する．各項目が様式に展開されていることがおわかりいただけると思う（図2.6）．

──────【JIS Q 27001:2014】──

6.2 情報セキュリティ目的及びそれを達成するための計画策定

組織は，関連する部門及び階層において，情報セキュリティ目的を確立しなければならない．

情報セキュリティ目的は，次の事項を満たさなければならない．

a) 情報セキュリティ方針と整合している．

b) （実行可能な場合）測定可能である．

c) 適用される情報セキュリティ要求事項，並びにリスクアセスメント

2.3 組織の状況を理解し，目的や方針を整理する　　43

（様式）情報セキュリティ目的シート

担当名：＿＿＿＿＿　　部長名：＿＿＿＿＿　　　　　　　　設定日：＿＿＿
　　　　　　　　　　　　　　　　　　　　　　　　　　　　更新日：＿＿＿

事業部 情報セキュリティ方針	主な要求事項・リスクアセスメント結果・対応状況

	担当 情報セキュリティ目的			プロセス目標 （管理策）	必要資源	進捗状況	結果	
	目的	達成期限	配点	評価方法				得点	状況
1									
2									

図 2.5　情報セキュリティ目的シートの様式

（様式）情報セキュリティ目的シート

担当名：＿＿＿＿＿　　部長名：＿＿＿＿＿　　　d) 伝達する（設定後に周知）　設定日：＿＿＿
　　　　　　　　　　　　　　　　　　　　　　e) 必要に応じて，更新する　　更新日：＿＿＿
　　　　　　　　　　　　　　　　　h) 責任者
　　　　　　　　　　　　　　　　　　　　　　c) 適用される情報セキュリティ要求事項，並びに
　　　　　a) 情報セキュリティ方針と整合している　　　リスクアセスメント及びリスク対応の結果を考慮に入れる

事業部 情報セキュリティ方針	主な要求事項・リスクアセスメント結果・対応状況

b) 測定可能である

i) 達成期限　　j) 結果の評価方法　　f) 実施事項　　g) 必要な資源

	担当 情報セキュリティ目的			プロセス目標 （管理策）	必要資源	進捗状況	結果	
	目的	達成期限	配点	評価方法				得点	状況
1									
2									

運用開始前に設定　　　　　適宜追記し，四半期　　年度末
　　　　　　　　　　　　　　ごとに確認　　　　　に評価

図 2.6　情報セキュリティ目的シートの様式（補足を加筆）

及びリスク対応の結果を考慮に入れる．
d) 伝達する．
e) 必要に応じて，更新する．

　組織は，情報セキュリティ目的に関する文書化した情報を保持しなければならない．
　組織は，情報セキュリティ目的をどのように達成するかについて計画するとき，次の事項を決定しなければならない．
f) 実施事項
g) 必要な資源
h) 責任者
i) 達成期限
j) 結果の評価方法

　当組織では，情報セキュリティ目的設定後，関係する社員・協働者全員に情報セキュリティ目的を周知したうえで取組みを開始した．そして，四半期ごとに情報セキュリティ委員が集まる定例会議で進捗状況を確認し，年度末に結果を評価することとした．なお，複数の管理策が整合しながら一つの情報セキュリティ目的の達成に向けて貢献しているというような構造を意識し，プロセス目標として管理策を記載するようにしている．
　第二に，現場への策定依頼，説明時には，情報セキュリティ目的の仕組みがねらいどおり有効に活用されるよう，好ましい情報セキュリティ目的とはどのようなものか議論したことである．
　特に，"媒体紛失0件" など，事象が発生しないことそのものを目的とすることは好ましくないと考えている．事象の発生をもって直ちに目的未達成となるような設定にすると，それだけで情報セキュリティ活動自体を否定してしまうことになりかねず，何をどう直すことがよいのかというインプットを正しく入手することができなくなってしまう．また，この数値が独り歩きすると，事

2.3 組織の状況を理解し，目的や方針を整理する

象発生時に報告しづらい雰囲気が生まれ，適切に報告されなくなるなどの悪影響が出る可能性がある．事象はどれだけ気をつけても発生するものと考え，事象を発生させないという後ろ向きな目的ではなく，よりミスしにくいようにするために何をするかなど，前向きな活動をしていくことを目的として設定することが好ましい．

では，好ましい情報セキュリティ目的とはどのようなものだろうか．例えば，当組織では，以下のような情報セキュリティ目的が前向きな活動につながるという点で好ましいという意見が出された．

(例1) "セキュリティ面で気になっていること"，"問題だと感じていること"等の情報セキュリティ弱点の報告が，一定件数以上なされること．

(補足1) 定期的なリスクアセスメント以外に，常に自担当の情報セキュリティ弱点に留意することで，リスクに関心をもてるようになるという意見があった．特に，長期間同じ担当に従事している人より協働者や転入者のほうが比較的情報セキュリティ弱点に気づきやすいため，そのような方々に対するインタビューやアンケート調査が有効であるという意見や，インタビューなど新規参画者と対話の機会をもつことは，組織への参画意識を高めることにつながり，組織一丸となった情報セキュリティの維持・向上につながるという意見があった．

(例2) 休日夜間を想定した訓練を実施し，目標時間以内で対処できること．

(補足2) 休日夜間以外にも，繁忙期，災害発生時，クレーム対応時など"何かがいつもと違う状態"に着目すると，平常心を保ちづらいような状態でもミスをせず適切に行動できる仕組みを考えることにつながるため，より実効的だという意見があった．

(例3) 資料のパスワード付与について，定期的に組織内で自主点検を行い，一定の定着度を達成すること．

2. ISMS とは何のためにするものか

(補足 3) 定着度について担当全体の目標を立て，それに向けて相互にチェックしあい，担当全員で目標に向けた進捗を確認することで，基本動作の徹底が図れるという意見があった．

このように，どのような目的が好ましいか関係者間で十分に対話し，納得することが重要である．

なお，ここでは，活動が適切に行えたこと自体をそのまま評価する．

これとは別に，活動が適切に行えたことを，結果として現れる指標を使って評価する方法もある．例えば，"情報セキュリティにおけるお客様満足度調査の点数が×点以上"など，適切な活動を実施した結果，どうだったかという指標で，達成度合いを評価するということである．

当組織では，この二つの評価方法を区別しており，意図的に，活動が適切に行えたこと自体をそのまま評価することを前提に情報セキュリティ目的を設定している．この評価方法の違いについては，2.3.4 項で解説する．

2.3.4 パフォーマンス評価との整合方法

"組織の目的"，"ISMS の意図した成果"，"情報セキュリティ方針"，"情報セキュリティ目的"について，どのように設定するかを述べてきたが，これらをどのように評価するか．

規格の 9 の要求事項を確認する．

【JIS Q 27001:2014】

9 パフォーマンス評価

9.1 監視，測定，分析及び評価

組織は，情報セキュリティパフォーマンス及び ISMS の有効性を評価しなければならない．

"情報セキュリティパフォーマンス"と"ISMS の有効性"とはどのようなもので，何を測定するのだろうか．

まず"ISMS の有効性"について考える．JIS Q 27000:2014 によると，"有

2.3 組織の状況を理解し，目的や方針を整理する

効性"とは，"計画した活動を実行し，計画した結果を達成した程度"と定義されている．したがって，"ISMS の有効性"とは，ISMS の計画した結果を達成した程度と解釈できるが，これは何を指すのか．私たちは，"ISMS の意図した成果"を達成するために ISMS を構築しているので，ISMS 全体の到達点を示すものとして，"ISMS の意図した成果"をどれだけ達成しているかを評価することを指していると解釈した．したがって，当組織の場合"保有する情報を適切に保護し，お客様からの信頼を獲得・維持することができたかどうか"を評価することが，ISMS の有効性評価であると考えた．このことを評価するためには，当組織の活動実績だけでなく，お客様の評価をはじめとした様々なインプットが必要である．これらの情報を総合的に用いて，当組織の事業に ISMS が有効に機能したかどうかを判断する場としてはマネジメントレビューが適しており，トップマネジメントがそれらインプット情報から，ISMS の有効性について判断することがよいと考えている．

　次に"情報セキュリティパフォーマンス"について考える．JIS Q 27000:2014 によると，"パフォーマンス"とは，"測定可能な結果"と定義されている．JIS Q 27001:2014 の 6.2 では，情報セキュリティ目的は"(実行可能な場合) 測定可能である"ことを満たさなければならないとされているが，実際に測定することまでは言及されていない．そこで私たちは，情報セキュリティ目的を満たす程度を図 2.5 の様式を使って評価するプロセスが，情報セキュリティパフォーマンスの有効性評価にあたると考えた．

　したがって，私たちは，ISMS の有効性の評価を，ISMS の意図した成果を達成した程度を評価することとし，情報セキュリティパフォーマンスの評価を，情報セキュリティ目的の達成に向けた計画に対する活動の程度を評価することとした．すなわち，活動自体が情報セキュリティ目的に則って実施できたか，という観点と，それにとどまらず，それが意味のあることだったか，当組織の ISMS の意図に対して有効であったか，という 2 段階の評価が存在するということである．この 2 段階の評価プロセスを示すと図 2.7 のようになる．この評価のプロセスは，図 2.4 で示した策定時の構造と整合している．

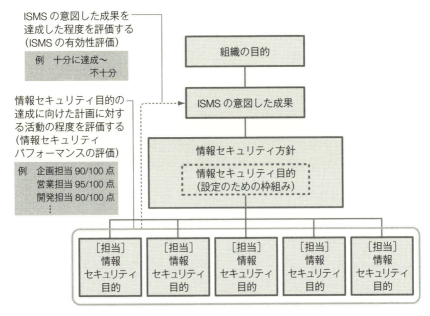

図 2.7 目的や方針の構造（パフォーマンス評価について加筆）

2.3.5 ま と め

以上のように，上位の項目に基づいて情報セキュリティ目的や実施内容を策定するプロセスと，評価のプロセスが互いに整合することで，上位の目的が現場に浸透し，それに沿って現場が活動し，評価，改善につなげていくことができるようになる．そのためには，"組織の目的"，"ISMSの意図した成果"，"情報セキュリティ方針"，"情報セキュリティ目的"が，一貫性をもってつながっているように各項目を設定することが重要である．

3. ISMSの本質化・効率化に向けて

では次に,1.4節"取組みの流れ"で,形式的で負担感のあるISMSの原因としたリスクアセスメントについて考える.また,同様に負担感の大きいタスクとした情報資産管理台帳についても考察する.なぜなら,本書における"情報資産管理台帳"とはすべての情報資産を網羅する一覧表のことで,リスクアセスメントのインプットとして作成していたものだからである.当事業部で使用していた情報資産管理台帳の一部(サンプル)を図3.1に示す.なお,1.4節でも述べたとおり,当事業部における情報資産管理台帳は情報資産目録とは異なるものではあるが,情報資産管理台帳も情報資産目録も同様に大変な手間をかけて作成していた.この部分の考え方を見直すことが,ISMSの本質化・効率化の肝となる.以下,3.1節では情報資産管理台帳を,3.2節ではリスクアセスメントをどう見直すかについて解説する.

3.1 情報資産管理台帳は廃止できる

まず,多くの組織で作成されていると思われる情報資産管理台帳について,どのような場合でも必須だという誤解があるようである.この誤解の背景には,規格の偏った解釈があると指摘したい.決して"どのような場合でも必須"ではなく,手段の一つとして考えるべきだということについて解説する.

3.1.1 "台帳"は役に立つか

私たちは,毎日組織のいたるところで非常に大量の情報が生成されるため,台帳を更新することが現実的でないことは理解していたが,他の多くの組織で

3. ISMSの本質化・効率化に向けて

情報資産管理台帳

担当名：○○担当

項番	情報・データ カテゴリ	情報資産	情報区分	管理者	利用者	媒体	保管方法	機密性	完全性	資産価値	可用性	評価
1	人事関係資料	人事評価、考課関連情報（考課表等）一式	S/S*	担当内部課長	担当内部課長	紙	書庫・引き出しで施錠管理	1	3	1	1	1
2	人事関係資料	人事・育成関連資料（過去分）	A	担当内部課長	担当内部課長	紙	書庫・引き出しで施錠管理	1	3	1	1	1
3	人事関係資料	休職管理資料	A	担当内部課長	担当内部課員及び関係者	紙	書庫・引き出しで施錠管理	1	3	1	1	1
4	人事関係資料	協働宣言関係資料一式	A	担当内部課長	担当内部課員及び関係者	紙	書庫・引き出しで施錠管理	1	3	1	1	1
5	人事関係資料	労務関連資料	A	担当内部課長	担当内部課員及び関係者	紙	書庫・引き出しで施錠管理	1	3	1	1	1
6	人事関係資料	労務関連資料（過去分に限り）	A	担当内部課長	事業部内社員	紙	書庫・引き出しで施錠管理	1	1	1	1	1
7	社内資料	協力会社関連資料（作業報告書など）	A	情報マネジメント委員会の長	情報マネジメント委員	紙	書庫・引き出しで施錠管理	1	3	1	1	1
8	社内資料	委員会関係資料	A	担当内部課長	担当内部課員	紙	書庫・引き出しで施錠管理	1	3	1	1	1
9	社内資料	全社戦略関係資料（事業計画）	A	担当内部課長	担当内部課員及び関係者	紙	書庫・引き出しで施錠管理	1	3	1	1	1
10	社内資料	購買関連資料	A	担当内部課長	担当内部課員及び関係者	紙	書庫・引き出しで施錠管理	1	3	1	1	1
11	社内資料	緊急連絡系統	A	担当内部課長	担当内部課員及び関係者	紙	書庫・引き出しで施錠管理	1	3	1	1	1
12	社内資料	セキュリティ関連資料	A	情報セキュリティ推進者	情報セキュリティ推進者	紙	書庫・引き出しで管理	1	3	1	1	1
13	社内資料	関係関連資料一式	A	担当内部課長	担当内部課員及び関係者	紙	書庫・引き出しで管理	1	3	3	3	3
14	社内資料	事業計画書（事業計画）	A	担当内部部長	担当内部課員及び関係者	紙	書庫・引き出しで管理	1	3	3	3	3
15	社内資料	戦略資料（事業計画）	A	△△課長	事業部内社員	紙	書庫・引き出しで管理	1	3	3	3	3
16	成果物一式	○○成果物一式	A	○○部長	担当内部課員及び関係者	紙	△階書庫（常時施錠）	1	3	3	3	3
17	成果物一式	△△G 成果物一式	A	△△課長	担当内部課員及び関係者	紙	書庫・引き出しで管理（施錠なし）	1	3	3	3	3
18	会議資料	○○会議資料一式	A	○○部長	担当内部課員及び関係者	紙	書庫・引き出しで管理	1	3	3	3	3
19	会議資料	△△会議資料一式	A	△△課長	担当内部課員及び関係者	紙	△階書庫（常時施錠）	1	3	3	3	3
20	会議資料	××会議資料一式	A	担当内部課長・リーダー	担当内部課員及び関係者	紙	書庫・引き出しで管理	1	3	3	3	3
21	参照用資料	○○システム過去資料一式	A	○○部長	担当内部課員及び関係者	紙	書庫・引き出しで管理	1	3	3	3	3
22	参照用資料	△△システム過去資料一式	A	△△課長	担当内部課員及び関係者	紙	書庫・引き出しで管理	1	3	3	3	3
23	参照用資料	お客様関係の各種資料	A	＊＊担当＊部長	事業部内社員	紙	書庫・引き出しで管理	1	3	3	3	3
24	参照用資料	折衝関連資料一式	A	○○部長	担当内部部長	紙	書庫・引き出しで管理	1	1	3	3	3
25	参照用資料	担当内部用資料一式	A	担当内部課長	担当内部課員及び関係者	紙	書庫・引き出しで管理	1	3	3	3	3
26	参照用資料	○○G参照用資料一式	A	○○部長	担当内部課員及び関係者	紙	書庫・引き出しで管理	1	3	3	3	3
27	参照用資料	△△G参照用資料一式	A	△△課長	担当内部課員及び関係者	紙	書庫・引き出しで管理	1	3	3	3	3
28	参照用資料	××システム関連参照用資料一式	A	○○部長	事業部内社員	紙	書庫・引き出しで管理	1	3	3	3	3
29	参照用資料	××システム 旧システム分参照用資料一式	A	○○部長	担当内部課員	紙	書庫・引き出しで管理	1	3	3	3	3
30	保管資料	○○保管管理一式	A	○○部長	担当内部課員	紙	外部倉庫にて保管	1	3	1	1	1
31	人事関係資料	人事評価、考課関連情報（考課表等）一式	S	担当内部課長	担当内部課長	個人PC	PWログイン＆暗号ファイル(PW)の設定	1	3	1	1	1
32	人事関係資料	協働宣言関連資料一式	A	担当内部課長	担当内部課員	個人PC	PWログイン＆暗号ファイル(PW)の設定	1	3	1	1	1
33	人事関係資料	人事・育成関係資料一式	A	担当内部課長	担当内部課員	個人PC	PWログイン＆暗号ファイル(PW)の設定	1	3	1	1	1
34	人事関係資料	社員住所録	A	担当内部課長	担当内部社員	個人PC	PWログインのみ	1	1	1	1	1
35	社内資料	勤務実績表	A	担当内部課長	担当内部課長	個人PC	パスワードでログイン	1	3	1	1	1
36	社内資料	利害関係管理簿	A	担当内部課長	担当内部課長	個人PC	パスワードでログイン	1	3	1	1	1
37	社内資料	事業計画関連資料	A	担当内部課長	担当内部課長	個人PC	スワードでログイン	1	3	1	1	1

図 3.1 当事業部で使用していた情報資産管理台帳の一部（サンプル）

3.1 情報資産管理台帳は廃止できる

行われていることであるし，規格で決められていることなので，仕方ないと考えていた．一応，"どこにどんな資料があるか，私たちのもっている情報資産を把握するため"ともっともらしい理由を立てていたが，消化不良ではあった．実のところ，多くの組織でも半ばあきらめながら習慣として根づいてしまったこの台帳作成という行為について，"まぁ仕方ないからやるか"という意識のもとで手を動かしているのではないかと思う．

しかし，このようなあきらめが，改善のチャンスを逃してしまっていた．推進側自身が，この資料を列挙し，一覧を作成する行為に実質的な意味がないと考えているならば，自ら改善を行うべきである．

私たちの結論は，**台帳というような一覧を作ることにはそれなりの意味がある．しかし，それに適した情報の分量，質，更新のタイミングの各要素に関する条件がすべて満たされなければ，一覧を作成することは十分に有効であるとはいえない**というものだ．それぞれの条件について解説する．

(1) 情報の分量

一つ目の条件は，"一つひとつ数え上げて一覧化できる分量であること"である．そもそも列挙することができない分量の情報や，列挙し終えた直後からどんどん対象が増えてしまうような情報を，一覧表で列挙しようとすること自体，非現実的である．この条件はあまりにも当然のことだが，つい目をそらしてしまい，"すべての資料を列挙できていることにしてしまおう"と考えがちになるところである．

(2) 情報の質

二つ目の条件は，"対象が個体識別をしなければいけないような情報であること"である．法的な要請や情報そのものの特性から，求められる管理の水準が高く，個体識別が必要ならば，それに基づく取扱いが必要であるが，必ずしもそうでなければ，一覧を作成する必要はないということである．

例えば，個人情報は，個人情報保護法に基づいて管理するべきもので，多く

の組織で，誰の個人情報をいつどのように取得し，処理し，返還又は廃棄したかというように情報のライフサイクルに応じて細かく管理していると思う．そのためには，"個人情報○名分"とひとまとめにするのではなく，対象それぞれを"Aさんの個人情報"，"Bさんの個人情報"というように個別に識別しなければならない．しかし，すべての情報にこのような管理レベルが求められているかというと必ずしもそうではないはずである．情報の質によって管理の水準や扱い方には違いがあり，個体識別をすることが必要性をもつ場合ともたない場合がある．特に必要性がないにもかかわらず，慣例として個体識別をし，一覧化しているという場合は，その一覧は有効に活用されていないと考えたほうがよいだろう．

(3) 更新のタイミング

三つ目の条件は，"更新のタイミングが適切であること"である．せっかく一覧を作成したのであるから，載せた内容と実態との突合せをし，掲載内容の正しさを維持しなければ，一覧を有効に活用できない．特に，一覧を資料の紛失検知のために使用している場合は，掲載内容が妥当でなければ棚卸しの意味がなくなってしまう．よって，出し入れや内容が変わる頻度に合わせて更新をする必要がある．仮に，更新のタイミングが内容の変化に比べて著しく長期間である場合は，一覧の中身は陳腐化してしまっている場合が多く，一覧を有効活用できていないと思ったほうがよい．一覧を有効活用するのならば，内容の変化に対して，時宜を得た更新をし続けなければならない．

以上，台帳などの一覧を作成することの有効性に関する条件について述べたが，掲載対象の分量が多い，個体識別する必要性がない，タイミングよく更新作業ができないなど，"分量，質，更新のタイミング"の条件が満たされない場合，一覧での管理が適している状態とはいえないのである．例えば数百人超の組織で，一日に一人が生み出す情報の量は紙・電子を問わず多量で，様々であり，必ずしもそのうちのすべてが個体認識をしなければならないような情報

ではないという場合においては，台帳作成という方法は役に立っていないと思ったほうがいいだろう．

3.1.2　管理策の解釈の誤解

では，台帳管理を否定してしまっては，情報資産の管理に関する管理策との兼ね合いはどう考えるのか．まず JIS Q 27001 には何が書かれているのか確認したい．なおこの管理策自体を適用するかしないかは組織ごとに判断するものだが，ここでは適用しているという前提を置く．

――――【JIS Q 27001:2014】――――

A.8.1　資産に対する責任
　目的　組織の資産を特定し，適切な保護の責任を定めるため．
A.8.1.1　資産目録
管理策
情報，情報に関連するその他の資産及び情報処理施設を特定しなければならない．また，これらの資産の目録を，作成し，維持しなければならない．

＊ 2014 年 11 月に，JIS Q 27001:2014 の A.8.1.1 の正誤票が発行されており，本書はそれに従っている．

また，2006 年版の規格では以下のようになっていた．

――――【JIS Q 27001:2006】――――

A.7.1　資産に対する責任
　目的：組織の資産を適切に保護し，維持するため．
A.7.1.1　資産目録
管理策
　すべての資産は，明確に識別しなければならない．また，重要な資産すべての目録を作成し，維持しなければならない．

2006 年版の表現により，"すべての資産について目録を作成しなければならない" と解釈していた方も多いと思うが，2014 年版では，2006 年版の "すべての"，"重要な" という表現が削除されている．

また管理目的が，資産を保護・維持するという表現から，資産の特定と適切な保護の責任を定めるという表現へと改正されている．この"適切な保護の責任"とはどのようなものか．この，情報の保護責任について考えるとき，当然その保護対象としている情報について考えなくてはならない．保護対象の情報がどのようなものかによって責任の内容や程度は変わってくる．そこで，どのような情報を保護対象とするか，"特定"しなければならない．

この"特定"について，例を挙げて説明する（ただし，以降に示すルールは当社のルールを基に作成した架空のものである）．そのルールとは"保護すべき情報はすべて，情報区分S, A, B, Cという記述をラベルなどの形で所定の位置に表示し，情報がどれだけ重要か，どの範囲まで閲覧してよいかなどを示すこと（この識別子を以下，"情報区分"と表現する），さらに，管理責任者を併せて明記すること"というものである．情報区分の定義を表3.1に，運用している例を図3.2に示す．つまり私たちは，図3.2のように，紙，電子などの形態を問わずそれぞれの情報に情報区分をつけることによって，この情報はどういう情報で，流通や保管，廃棄について，どういう取扱いをしなければいけないのかを規定し，社内すべてでこの取扱いに関する行動を統一している．私

表3.1 情報区分の一覧

観点	情報区分	
機密性	S	↑高
	A	
	B	
	C	

観点	情報区分	
完全性・可用性	*	↑高
	（無印）	

```
情報区分：A
管理責任者：XX事業部長
```

```
情報区分：B*
管理責任者：XX担当
```

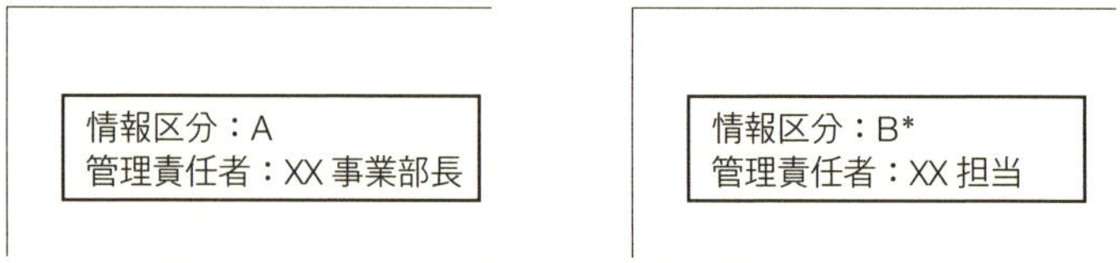

図3.2 情報区分の表示例

3.1 情報資産管理台帳は廃止できる

たちはこのようなルールを ISMS 構築前から運用していたため，この社内のルールによりすべての資産は情報区分によって特定されている．

　情報区分をつけること自体で 3.1.1 項で述べた一覧表の代替ができると言っているのではない．"情報区分 A" という表示がされていることで"これはあのルールのあの表で定義されている情報の一つであり，保護対象であると情報を手にした人が認識できれば，その資産が保護対象として特定されているということである．すべての書類，すべての電子データに情報区分が漏れなく表示されているのかといえば，必ずしもそうではなく，中にはミスにより表示すべきであるのに表示が漏れてしまうこともあるだろう．また，お客様に提出する書類や法的に様式が定められているような情報には記述を追加することができないものもある．しかし，ここで言っているのは，一般公開している情報と，非公開にしている情報との区別がつき，後者は保護すべき対象であると特定されることが重要だということである．そのためには，情報区分の定義，情報区分に従った情報の取扱いについての教育と，ラベル表示というルールの浸透が不可欠である．これにより，組織内でこの情報はどういう情報でどういう扱いをしなければいけないのかを把握し正しく判断できるのであれば，その情報区分の性質に応じて責任の内容や程度を考え，必要に応じて目録を作成することになる．すべての情報区分に対して情報区分 A のものはこれとあれで，情報区分 B のものはこれとあれである，とわざわざ一覧で俯瞰する必要性はない．したがって，私たちはすべての資料を列挙した情報資産管理台帳は廃止できると判断した．

　では，目録という形で管理することが適切とされる情報はどのようなものか．私たちは情報資産目録による管理の有効性を維持することを重点的に考え，機密性，完全性，可用性が極めて高いということに加え，業務特性に応じたいくつかの条件を追加し，当組織の目録管理の対象について具体的に定義した．すなわち，情報の保護責任を果たすために，目録という手段が適切である情報は何かを特定しているのである．また，それらは，先述した情報の分量，質，更新のタイミングの各要素に関する条件を満たすような定義になっている．

一方で，情報資産の一覧がなければリスクアセスメントのインプットがなくなってしまうのではないかというご指摘があると思う．その指摘にお答えすると，まず何の情報を保護すべきかについては，日々発生している情報の中で，"機密性・完全性・可用性が一定以上のもの，すなわち情報区分のついているものすべて"として，条件を指定している．必ずしも何を守るべきかという情報の個別の名前が一覧化されている必要はない．なお，情報資産管理台帳をリスクアセスメントのインプットとしなくてはならないと決められているわけではないため，情報資産管理台帳がなくてもリスクアセスメントはできる．この情報資産管理台帳を用いないリスクアセスメントの具体的な方法については，当事業部が考案した方法を3.2節で紹介する．

情報資産管理台帳をなくしてしまっては情報資産の紛失が見抜けないではないかという指摘もあると思う．しかし3.1.1項で述べたとおり，台帳は実質的に役立っているだろうか．もし台帳を作成し，頻繁に棚卸しを行い，本当に紛失検知に役立てているのであれば，それは，台帳管理としてのメリットを活かしている素晴らしいケースであるといえる．しかし，台帳掲載が負担と感じている組織の多くは，本当に情報資産管理台帳を使って情報資産の棚卸しをしているだろうか．また，台帳の更新頻度は適切であろうか．もし実のところ，上記のような問題があり，紛失の検知などに何の役にも立っていないのであるならば，台帳自体を廃止してもセキュリティレベルは下がらないし，むしろコスト削減の観点からは削減したほうがよいといえる．

3.2 リスクアセスメントの方法の悪さが本質化・効率化を難しくする

3.2.1 ルールを減らすことへの恐れ

情報セキュリティ活動においては，ルールを削減することについて心理的な抵抗があると思う．仮に，何の役に立つのかよくわからないルールが多く存在するという問題を抱えていたとしても，制定しているルールが常識的に見てよほどおかしくない限り，やらないほうが悪く，順守されていないのなら順守さ

3.2 リスクアセスメントの方法の悪さが本質化・効率化を難しくする 57

れるようにフォローアップするべきと当然のように考えられている．

　しかし，私たちは，そもそもルールを緩めたり，廃止したりすることはできないか，について考えた．それは，セキュリティ活動が経営活動の一つであり，他の活動と同様に無駄を削減し，効率的なものに改善していく必要があったからである．

　確かに，ルールを緩めたり，廃止したりすることは大変に勇気のいることである．なぜなら，廃止したことにより危険性が増すかもしれないことを考えると，まずやるべきではないと結論づけられてしまうことだからである．例えばあなたが，社員の要求に従ってルールを減らしてしまった後，そのせいでセキュリティインシデントが起きてしまったらどうだろう．インシデントの当事者でもないのに，インシデントを起こした原因を作った責任を問われることになるかもしれない．推進側にとっては，こうなってしまっては一大事なので，よほどのことがない限りルールを減らそうとは思わないはずである．

　極端な言い方をすれば，"このような何かよくないことを防ぐような'防御壁'はより高く，より厚いほうが好ましく，防御のための取組みだって何もしないよりは，何かしたほうがよいに決まっている．セキュリティのルールも同様であるため，大変だからという声に負けて削ってしまってはいけない．"と考えるのが普通ではないだろうか．

　しかし，このような"ルールを減らすことへの恐れ"が，ルールの肥大化を招いている．推進側が，かけられるコストは有限であることはわかっているのにもかかわらず，"ないよりはあったほうがよい"と考える背景には，その減らしてほしいと言われたルールが何の役に立ち，**どんなセキュリティ上のリスクを低減しているのかよくわからない**，なので，**なくしてよいか悪いかの判断がつかない**からではないだろうか．また感覚的にはそれを判断できても，合理的にそれを説明できる方法がないからではないだろうか．

　かつての私たちも同様に，誰も守らないルールであっても，何らかの問題に対して策定されたものだろうと考え，浸透・徹底されていないことについて，つい必要性を訴え，徹底されるようフォローする方向へ走りがちになってい

た．しかし，1.4節で述べたように，まず現場において"なぜそうなっているのか"を十分確認することが必要である．単純に面倒だからやっていないことが判明するかもしれないが，面倒に思うのは"手間のわりにやる意味（効果）が薄い"と現場が感じていることの現れかもしれない．では，現場がセキュリティのルールについて，手間のわりにやる意味が薄いと感じていることがわかったとき，推進側はどうすればよいのだろうか．

私たちの考え方は，**役に立たないルールであれば，減らしても問題ない**というものだ．当然のことのように聞こえるが，実現には先述の"ルールを減らすことへの恐れ"など，数々の困難がある．しかし，その困難の背景にある，ルールが何の役に立っているかということを，私たちはリスクアセスメントをもって合理的に明らかにしようとした．何のセキュリティリスクも低減していないような形式的なルールや，到底現実的でないルールに対して，それらが必要ない理由を"明らかにし"，それを削減することを積極的に進めようというものであるが，従来のリスクアセスメントシートにはそのような発想は見られなかった．また形式的，非現実的という判断は個人の主観によるところがあるため，形式的である理由，非現実的である理由を論理的に説明することは難しい．さらに"明らかにし"というところが肝心であるが，"このルールはこのリスクを抑えるために存在する"という関係性，すなわちルールとリスクの対応を合理的に表現するのは大変難しいものである．しかし，この対応関係が明らかにできれば，このルールは役に立っていないのでやめるべきだと，明確に言えるし，役に立っているルールであるならばどの部分を残さなければいけないか，どこは変えても差し支えないかと合理的に判断できるはずである．

このルールとリスクの対応を明確にするためには，リスクアセスメントの改善が必要になる．

3.2.2 実用的なリスクアセスメントとは

1.4節でも述べたが，リスクアセスメントとは簡潔に言うと，自組織が保有する情報資産にかかわるリスクを分析し，明確にすることである．この結果に

基づいてどのような管理策を採用するかを決定するのだが，この採用した管理策を実現する手段としてルールが策定される．したがって，図3.3に示すようなルールとリスクの対応をとるためには，組織の現状に対して妥当なリスクが検出されるようにリスクアセスメント方法の質を高めることが非常に重要である．

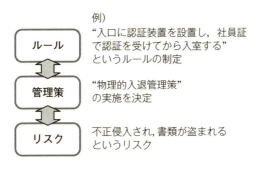

図 3.3　ルールとリスクの対応

　ルールとリスクの対応がしっかりとれるようにするために，リスクアセスメントはどうあるべきか．

　この点について，JIS Q 27001:2014 の記述を確認しながら，リスクアセスメント方法を考えていきたい．

　JIS Q 27000:2014 では，リスクを"目的に対する不確かさの影響"と定義している．

　言い換えると，"結果が目的どおりにならない可能性"のことである．

　まずは図3.4を見ていただきたい．

図 3.4　目的と結果のモデル（分岐なし）

図の左側のA地点から右側のB地点までレールがひかれており，今，列車が"B地点を目指す"という目的をもって，出発しようとしている．

このレールがB地点へ向かって一直線のルートであれば，必ず目的を達成することを示し，結果が目的どおりにならない可能性はないものとする．

一方，途中でレールが曲げられており，目指している地点ではないところへ到達してしまう場合，結果が目的どおりにならない可能性があるということになる．特に，到達点がもともと目指していた地点より悪い結果であることをイメージして，図3.5では下側に表現することにする．

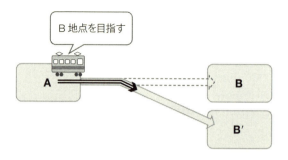

図3.5　目的と結果のモデル（分岐あり）

このようにリスクが発生するとは，何らかの事象でレールが曲げられ，当初とは希望しない方向に物事が向かってしまうことととらえる．つまり，図3.6が示すようにリスクが発生すると，結果が目的からぶれてしまうということである．

目的達成のためには，このぶれについて分析し，評価することが重要になる．

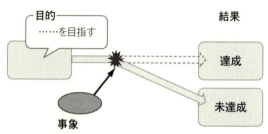

図3.6　目的と結果・事象のモデル

3.2 リスクアセスメントの方法の悪さが本質化・効率化を難しくする　61

しかし実際には，このぶれが発生しないように，事象に対して様々な対策が取られていることが多い．先述のとおり，この既にとられている対策，すなわち，既存対策は，リスクアセスメントでとらえるべき主要な要素の一つである．

そこで，目的，結果，事象，既存対策の関係について，図 3.7 で示すようなモデルを考えるとわかりやすい．なおこのモデルは当事業部で考案したものである．

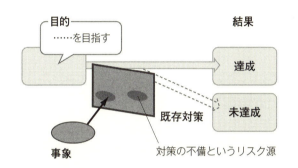

図 3.7　目的と結果・事象・既存対策のモデル

目的から結果まで，一本線でレールがひかれているが，そこに事象という槍が飛んできている．この槍がレールにあたるとレールの方向が変わってしまい，未達成の方向に進んでしまうと考える．そうなってしまわないように事象とレールの間に既存対策という防護壁が立てられている．

しかし，この防護壁には穴が空いているところがある．この穴は対策が弱い，漏れているなど，対策の不備というリスク源を表している．仮に図 3.7 で示すように，ちょうど穴が空いているところに槍が飛んできてしまい，レールにあたってしまうと，結果が下側にぶれてしまい，目的未達成になってしまう．つまり，図 3.7 は，どのような事象がどのような不備を突くか，という組合せを表現したものである．

例えば，ある状況に対して事象 A, B, C が考えられ，事象 A と C には対策がとられているが，事象 B には対策がとられていないとする．これを図で表現すると，図 3.8 のようになる．A と C の槍の位置には穴が空いていないため，

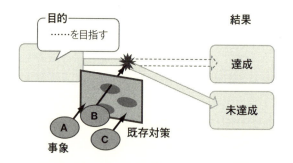

図 3.8　目的と結果・事象・既存対策のモデル（複数事象の例）

結果の達成が期待できるが，事象 B という槍の位置には穴が空いているため，目的未達成という結果になることが予見される．そのため，穴を埋めるような対応が必要ということになる．

またこのときに，穴がないと思っていたけれど実は穴があった，すなわち，ルールはあるけれど実際は形骸化していて脆弱な状態だったという考慮漏れをいかに防止するかも重要である．ルールとして制定しているということだけでなく，ルールが実際に機能し効果を上げている，事象に対抗できているという事実をリスクアセスメントに反映することで，現実に即した分析を行うことができる．

さて，モデルによりリスクアセスメントのイメージをつかんでいただいたところであるが，実際の組織を対象にリスクという無形物を網羅的に抽出する作業はとらえどころがなく抽象的で複雑なものになりがちである．このとき，事象や既存対策の実施状況の洗い出しにおいて不要な作業をせず，それぞれを洗い出したときの根拠を明確にすることが重要である．特に，リスクアセスメント実施者がそれぞれをどう把握し，どのような判断をしたか，第三者でもその関係やつながりがわかりやすくトレースできることを確保しなければならない．それは，リスクを評価した結果が，管理策の決定に役立つようにしなければならないからである．つまり，どの事象に対するどの既存対策に不備があり，どのようなリスクがあるのかが明快かつ具体的であることが，ピントのあ

った対策を導くために必要である．リスクアセスメントのポイントは，どのような事象に対して，現状どれほど脆弱な状態になっているのか，トレースできるようにすることである．

3.2.3 従来のリスクアセスメント方法

ここでかつての私たちがとっていた従来のリスクアセスメント方法を説明する．当時，当事業部が採用していたリスクアセスメントシートの一部を図3.9に示す．この図は，字が小さすぎて判読できないと思うが，どれだけ膨大な量であるかということを認識していただくために掲載しているもので，量感をつかんでいただければよい．

この方法は，網羅的に洗い出した情報資産価値，脅威，脆弱性それぞれに対し，高いほうから順に3, 2, 1といった評価値を設定し，それぞれの数字を掛けてリスクのレベルを値として算出する方法である．そのように算出したリスク値に対して，受容可能レベルに設定した値を上回っているかどうかを判断し，受容可能レベル以上のリスク値となったリスクを，対応すべきリスクとして特定する．例えば，情報資産価値の値が3，脅威の値が2，脆弱性が3なので，リスク値は3×2×3＝18となる．受容可能レベルを仮に15とすると，このリスクは対応すべきリスクということになる．

リスクアセスメントとはこのリスク評価までであるが，実際にこのリスクに対応するために計画を立案し，対処しなければならないため，どの情報資産で，どのような脅威にどのような脆弱性があるのかというようなことを特定しなければならない．多くの場合，数値を掛け合わせる前の計算過程を残すことでこのようなトレーサビリティを確保することにしている．ただし，現実的には非常に膨大な量の組合せに対して，異なる性質の数字を掛け合わせていく過程で，単に数字が並ぶ形式的なものになり，どの場面を想定して脆弱性の値が決められたかなどの根拠や，既存のルールの有効性など細かなことは，わからなくなってしまう．

私たちは，以上のようなことから，従来のリスクアセスメント方法が，複雑

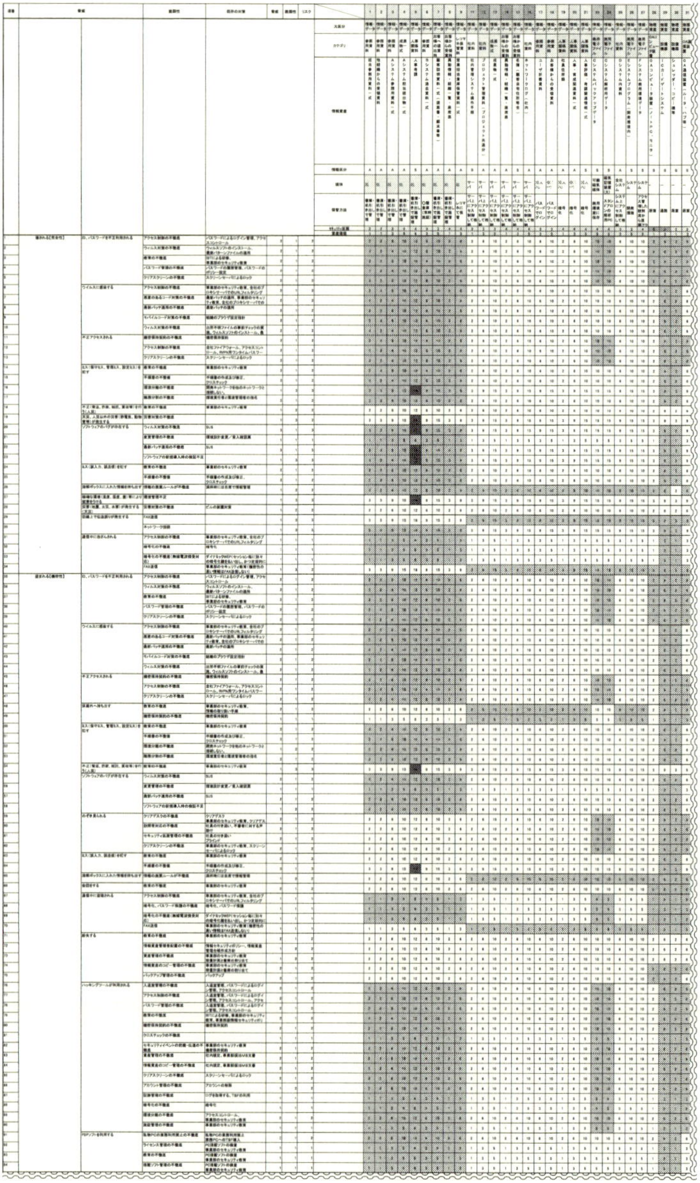

3. ISMSの本質化・効率化に向けて

図3.9 当時採用していたリスクアセスメントシートの一部

3.2 リスクアセスメントの方法の悪さが本質化・効率化を難しくする　65

で手間のかかるわりに形式的な分析になりがちであると感じていた．また，どのルールが何のリスクにどの程度役立っているのかがわかりにくいため，このリスクアセスメントで検出したリスクに基づいて，管理策やルールを検討しても，ピントのずれたものになるのではないかと考えた．すなわち，このリスクアセスメント方法が，**ルールとリスクの対応をとりづらくしている原因である**と考えるようになった．ではこの方法の問題点を以下の二つにまとめる．

問題点 1　全体量が膨大で把握しづらく，トレーサビリティを確保できない

　私たちの従来のやり方は (1) 情報資産の価値と (2) 脅威とその値，(3) 脆弱性とその値を列挙し，総当たりで掛け合わせることで，網羅的にリスクを抽出することに力点を置いていた．

　これは，表の列名に"情報資産"，行名に"脅威"と"脆弱性"を挙げ，機械的に組み合わせる方法である（図 3.10）．この方法の短所は主に三つある．第一に，存在し得ない組合せ（紙資料のウィルス感染など）が多数発生し，表が複雑化することである．第二に，インプットとしている情報資産一覧についても，"第 x 回議事録"という細かい粒度の記述と"システム関連資料一式"という大きい粒度の記述が混在していた．もちろん洗い出しすることや列挙すること，それ自体に問題があったわけではないが，表が非常に膨大なものになり，何をどう判断したのかとても追いきれないものになっていた．結局，そのことで網羅性が確保できているとは言いきれない状態となり，中途半端にやるだけ，無駄が多い作業となっていた．第三は，先ほど述べたトレーサビリティについてである．リスク値を算出する段階では，資産価値，脅威，脆弱性の各数値を掛け算し，その結果を受容可能レベルに照らして対策の要否を判断する．この方法では，全体の中でどこから手をつけるべきかという優先度を決めることはできるが，第三者が，アセスメント実施者の考え方をトレースすることは難しくなる．なぜならば，トレーサビリティを確保するためには，数字の掛け算のもとになった数値と，その根拠を記録しておかなければならない．ただでさえ俯瞰することも困難なくらい複雑なので，脆弱性の評価理由などを示

3. ISMSの本質化・効率化に向けて

脅威分類	脅威	脆弱性	●●成果物[2]	△△資料[2]		
壊される	不正利用[1]	制御の不徹底[2]	4	4		
		教育の不徹底[1]	2	2		
	ウィルス感染[3]	制御の不徹底[2]	12	12		
		教育の不徹底[1]	6	6		

情報資産（約40分類）

153項目
（脅威46項目 × 脆弱性46項目の中から関連する項目）

図3.10　従来のリスクアセスメントシート

すスペースもない．理由を示さないことで"何がどう弱いと判断したのか"という点が追えなくなり，リスク対応計画を検討する際の参考にできなくなってしまう．

問題点2　脆弱性の判断が，対策数のみによるもので合理性が低い

従来の方法は，脆弱性について"脅威に対して対策が十分か"を評価する際，"複数の有効な対策があり，問題ない"ことを脆弱性1，"必要最低限の対策で，十分でない"ことを脆弱性2，"有効な対策がなく，問題が多い"ことを脆弱性3という基準で評価していた（脆弱性なので，数値が大きいほうが

3.2 リスクアセスメントの方法の悪さが本質化・効率化を難しくする　67

弱いということになる).

この方法は多重防御という考え方に基づいているのだが，対策数だけによる評価になりがちで，単純に数が多ければよいという考えや，複数の対策がなければならないという思い込みをしがちになる．特に，ある一つの対策がそれだけで十分に有効であっても"複数"という点にとらわれ有効性の低いルールを追加してしまったり，あるいは有効性の低いルールを削減しづらくなってしまったりする．

3.2.4　改善後のリスクアセスメント方法

では次に，私たちの新しいリスクアセスメント方法について述べる．3.2.3項で述べた問題を解決するため，"全体を俯瞰できる量であり，無駄がなく，トレーサビリティを確保できること"，"脆弱性の評価が合理的であり，ルールの有効性で評価できること"を重視する．

なおリスクアセスメントシートの具体的な実例については，3.2.5項に記載する．

まず，改善後のリスクアセスメントでのモデルについて，図3.7を再掲する．

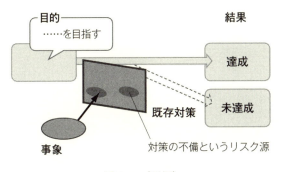

図3.7　（再掲）

そこで，基本的な分析手順として，以下のとおり，このモデルを分解しながら，分析を実施する．

手順1　目的と結果について定める

手順2　結果を目的からぶれさせる要因となる"事象"を特定する
手順3　事象と結果について，生じる可能性や影響の大きさを分析する
手順4　既存対策について，分析し評価する
手順5　リスクを評価する

手順1　目的と結果について定める
まず目的を決めなければならない．
規格の 6.1 の要求事項を確認する．

【JIS Q 27001:2014】

6.1　リスク及び機会に対処する活動
6.1.1　一般
　ISMS の計画を策定するとき，組織は，4.1 に規定する課題及び 4.2 に規定する要求事項を考慮し，次の事項のために対処する必要があるリスク及び機会を決定しなければならない．
　a)　ISMS が，その意図した成果を達成できることを確実にする．
　b)　望ましくない影響を防止又は低減する．
　c)　継続的改善を達成する．

　組織は，次の事項を計画しなければならない．
　d)　上記によって決定したリスク及び機会に対処する活動
　e)　次の事項を行う方法
　　1)　その活動の ISMS プロセスへの統合及び実施
　　2)　その活動の有効性の評価

　これにより，リスク及び機会を決定することの背景として，a)〜e)が挙げられているが，とりわけ a)が特徴的である．a)からは"ISMS の意図した成果が，達成されることを確実にする"ことがリスクアセスメントを行う意味であることがわかる．これは，まさに組織が ISMS で達成しようとしているも

のの最終的な到達点であり，2.3節で整理した"ISMSの意図した成果"のことである．

よって，当組織では目的を"ISMSの意図した成果"を達成することとし，目的の未達成とは，"保有する情報を適切に保護できず，お客様からの信頼を失墜させること"と定義した．特に"情報を適切に保護できず"という点は，具体的には，"情報の機密性，完全性及び可用性を喪失すること"である．

したがって，私たちは目的と結果について，以下のように定めることとした（図 3.11）．

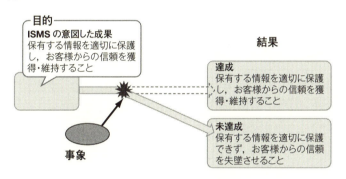

図 3.11 目的と結果の具体化

厳密に言えば，6.1.2 c)1)に，"情報の機密性，完全性及び可用性の喪失に伴うリスクを特定する"とある．

---【JIS Q 27001:2014】---

6.1.2 情報セキュリティリスクアセスメント
　c) 次によって情報セキュリティリスクを特定する．
　　1) ISMSの適用範囲内における情報の機密性，完全性及び可用性の喪失に伴うリスクを特定するために，情報セキュリティリスクアセスメントのプロセスを適用する．

これにより，"情報の機密性，完全性及び可用性の喪失"自体を結果とするのではなく，"情報の機密性，完全性及び可用性の喪失"によって，何らかの

事態になること(私たちの例では"お客様からの信頼の失墜")のみを結果とするべきだという意見もあるかもしれない．その点について，実務的には，"情報の機密性，完全性及び可用性の喪失"自体に至るまでを問題視しその要因を探ることや，"情報の機密性，完全性及び可用性の喪失"をした後にどう回復するかの検討をすることが大事であり，この後のプロセスでそれを分析していくので，ここでは"情報の機密性，完全性及び可用性の喪失"自体も結果に含めている．

手順2　結果を目的からぶれさせる要因となる"事象"を特定する

次に，結果を目的からぶれさせる要因となる"事象"にはどのようなものがあるか特定する．

JIS Q 31000:2010 の 5.4.2 に，"リスク特定のねらいは，組織の目的の達成を実現，促進，妨害，阻害，加速又は遅延する場合もある事象に基づいて，リスクの包括的な一覧を作成することである．"とあることから，私たちは，"このような事象が発生したらこのような結果になってしまうかもしれない"，つまり，事象とその事象が発生した場合に起こり得る結果の組合せという形でリスクを表現することにした．

このとき，起こり得る結果の欄は，"機密性の喪失"を"C"，"完全性の喪失"を"I"，"可用性の喪失"を"A"と表現している（表3.2）．

このとき，事象は大くくりにするほうがよいと考える．

事象は，多次元的で，特定が難しいという特徴がある．例えば，鍵が破壊さ

表3.2　リスクの一覧

No.	事象名	起こり得る結果
1	不正侵入	CIA
2	運搬中の紛失	C
⋮	⋮	⋮

3.2 リスクアセスメントの方法の悪さが本質化・効率化を難しくする 71

れることを事象とするのか，鍵が破壊され不正侵入されることを事象とするのか，不正侵入された後に情報が盗まれることを事象とするのかなど人によって判断が分かれるのが実情である．この問題について，深くこだわり詳細化するより，まずは大くくりに"不正侵入"などとするほうが，漏れが少なく，効率がよいと考えている．その他にも，大くくりにしたほうがよい理由として，外部からの攻撃に起因する事象は，厳密に分類しないほうが攻撃手法のトレンドをとらえやすいことがある．何らかの攻撃についてその手段を精緻に予測したとしても，攻撃の手法にはトレンドがあり変化しやすい．一方で，私たちが導入できる対策はそれほど素早く変化しないことが多い．もし仮に，個々の攻撃手法を個別にリストアップし，網羅していくようなプロセスをとると，その時々でトレンドを取り入れる代わりに，廃れたものを削除するという作業が必要になる．このとき，リスクアセスメントの再現可能性を追求すれば，リストから削除する基準も必要になってくる．しかし攻撃がどの程度起きていなければ廃れたとするのかについて明確な基準を設けることは困難である．なぜならば，世間一般に"攻撃発生数"，"被害数"が公開されにくい情報であることと，自組織において実害が発生したことがないものに対して，基準を設けにくいことがあるからである．したがって，事象については細分化するのではなく，広く大きくとらえたほうがメンテナンス性の面から見ても効率がよいと考えられる．また，数字のみの表現にとどまらず，備考欄に攻撃方法などのトレンドについて書き留めておくことも有効である．

私たちはこれらの事象を特定する際，公開されているガイドライン等から情報を収集すると同時に，必要以上に細分化しないこととし，表 3.3 のとおり事象を想定した．このリスクアセスメント方法を導入してから定期的な見直しを行っているが，大きな変更は発生していない．当然，既存のどれにもあてはまらない事象が発見された場合は，項目を追加する．

もちろん，これは私たちの見解であり，どこまでリストアップするのか，どのようにして再現可能性を求めるのかは，組織ごとに有効性を考慮して決定することが必要であり，普遍的な正解はない．ベストプラクティスを自組織にお

表3.3 事象の一覧

No.	事象の発生場所 大区分	事象の発生場所 小区分	事象の内容
1	居室内	オフィス	不正侵入（不正侵入による盗難・紛失・破壊を含む）
2			天災，第三者提供サービスの障害等による業務中断（ライフラインの停止，ビル・居室の損壊，高速LAN接続サービスの障害を含む）
3			会話が盗み聞きされる ［備考］居室や業務実施エリアであるため，会話を禁止することはできない．
4		（グループ，担当単位で管理する）共用書庫	保管物の盗難・紛失，破壊（ミスで持ち出す，捨ててしまう等も含む）
5		個人卓・書庫	保管物の盗難・紛失，破壊（ミスで持ち出す，捨ててしまう等も含む）
6		会議室	放置された資料の盗難（放置にはホワイトボードの板書も含む）
7			端末の盗難，破壊による情報の漏洩，破壊
8		ごみ箱，溶解処理用の書類回収ケース	ごみ箱，溶解処理用の書類回収ケースからの盗難
9		FAX，コピー機，プリンタ	FAX，コピー機，プリンタに置かれた資料の盗難・紛失（FAXを用いた外部ネットワークへの誤送信も含む）
10		オフィス，マシン室（OAネットワーク環境）	機器の盗難・紛失，破壊による情報の漏洩，破壊（使用中，未使用，廃棄予定を問わず，HDDを取り外してHDDのみ盗難する場合も含む．ミスで機器の所在がわからなくなる等も含む）
11			機器の故障による情報の破壊，あるいは情報（サーバー）へのアクセス不可
12			一般ユーザ権限の不正利用・操作ミスによる情報の漏洩，破壊（他人のID・パスワードでログインする，不正なファイル操作，外部ネットワークへの送信，外部媒体への書き出し，離席時の悪用，画面の覗き見等を含む）
13			特権の不正利用・操作ミスによる情報の漏洩，破壊（他人のID・パスワードでログインする，不正なファイル操作，外部ネットワークへの送信，外部媒体への書き出し，離席時の悪用，画面の覗き見等を含む）
14			内部ネットワーク上での盗聴，改ざん（盗聴目的での無断の機器増設等を含む）
15			端末・サーバーのウィルス感染による情報の漏洩，破壊（ソフトウェアのバグ，業務に不要なソフトウェアのインストールに起因するものも含む）
16			外部ネットワークからの攻撃による情報の漏洩，破壊 ［備考］外部ネットワーク＝インターネット，攻撃＝侵入行為，サービス妨害等
17	居室外	外出先，自宅等	紙の紛失による情報漏洩 ［備考］居室内で落とすこともあるが，紛失後悪用される可能性の点から居室外の事象に分類する．
18			携帯電話の紛失による情報漏洩 ［備考］居室内で落とすこともあるが，紛失後悪用される可能性の点から居室外の事象に分類する．また携帯電話の中で資産価値4に相当するのは，特定機微なメール内容や，特定機微な個人の連絡先等とする．

3.2 リスクアセスメントの方法の悪さが本質化・効率化を難しくする　73

表 3.3　（続き）

No.	事象の発生場所		事象の内容
	大区分	小区分	
19	居室外	外出先，自宅等	記録媒体の紛失による情報漏洩（USBメモリ，DAT，MO，FD，ノートパソコン等） ［備考］居室内で落とすこともあるが，紛失後悪用される可能性の点から居室外の事象に分類する．紙，携帯電話に比べ，用途が多岐に渡り，大容量の情報が運べる．
20			端末の不正利用・操作ミスによる情報の漏洩，破壊（離席時の悪用，画面の覗き見などを含む）
21			外部ネットワーク上での盗聴，改ざん
22			SNSなど外部サービスへの軽率な情報公開
23			会話が盗み聞きされる ［備考］エレベータホール，電車，レストラン，喫茶店等を想定

いてアレンジしてこそ，本当のベストプラクティスになるのである．

　この表3.3の作成にあたっては，一般財団法人日本情報経済社会推進協会ISMSユーザーズガイド，IPA（独立行政法人情報処理推進機構セキュリティセンター）発行の"情報セキュリティ10大脅威"などを参考にした．

手順3　事象と結果について，生じる可能性や影響の大きさを分析する

　次は，事象と結果について，分析する．

　まず，結果について，どれくらいの頻度で発生するのか，つまりモデルで言うとどれくらいの頻度でレールの方向が変わってしまうのかを考える．それには，結果のもとになる事象に着目する必要がある．この点，以前は，"頻繁に発生する"を3，"ときどき発生する"を2，"ほとんど発生しない"を1という基準で評価していた．実際にこの基準を使ってみると，組織内で発生していないものは低く評価しがちになるうえに"頻繁"と"ときどき"のとらえ方にも個人の違いがあり属人性が大きいものになっていた．そこでこの頻度について一般的なデータを利用し基準を設けようとしたが，"攻撃発生数"，"被害数"などは公開されにくい情報であり，基準は設けられなかった．

　そこで私たちは，発生頻度という結果側ではなく，原因側に着目し，"発生要因"を3段階に評価することにした．具体的には，"ミスにより発生し得るもの"を3，"明確な攻撃意図など第三者の故意に基づき発生するもの"を2，

"天災など全くの偶発でのみ発生し得るもの"を1と評価する．このように，想定しやすい基準に置き換えることで，属人性を低く抑えることを試みた．

次に，事象が発生し，リスクが現実のものとなった場合の結果は，どれくらいのインパクトがあるのか，という"結果の大きさ"を評価する．まれにしか発生しないが，発生してしまうと甚大な影響があるリスクについては，やはり対策が必要になる．

そこで，現実的な評価基準とするため"影響度"を評価することにした．

上記をまとめると，結果について，表3.4のような評価基準が設定できる．

表3.4 結果の評価基準

評価観点	評価基準
結果の影響度	被害の範囲が，限定的か，広範囲かによって，3段階で評価． 【大：3】瞬時に事業部全体の業務継続に影響が及ぶ 【中：2】担当あるいはプロジェクト単位で業務継続に影響が及ぶ 【小：1】当該情報資産にかかわる特定の業務継続にのみ影響が及ぶ
事象の発生要因	事象が，どのような要因で発生するか，3段階で評価． 【ミス：3】故意だけでなく，許可者のミスでも発生し得る 【故意：2】明確な攻撃意図など第三者の故意に基づき，発生し得る 【偶発：1】天災など，全くの偶発でのみ発生し得る

この2軸の組合せで，表3.5のように結果の評価値を決定することとした．

したがって，評価基準については表3.4に示すように二つの評価観点を設け，それぞれの結果を表3.5のように組み合わせて評価することにした．

表3.5 結果の評価値

発生要因＼影響度	大（3）	中（2）	小（1）
ミス（3）	9	6	3
故意（2）	6	4	2
偶発（1）	3	2	1

一見すると全く異なる性質の評価値を数字だけ取り出して乗算しているように見えるが，影響度と発生要因は，結果という一つの項目について，どのくら

3.2 リスクアセスメントの方法の悪さが本質化・効率化を難しくする

い頻繁に，どのくらいの大きさで変わってしまうのか，という見方で，分解し考察しているのである（図 3.12）．

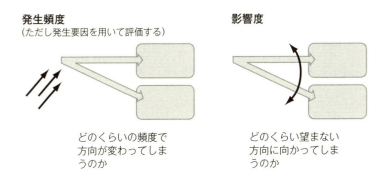

図 3.12 発生頻度と影響度のモデル

以上の結果を用いて決定した結果の評価値を，事象の一覧に追記したものを表 3.6 に示す．

表 3.6 の No.1 の不正侵入は第三者の故意によって発生し（評価 2），影響を及ぼす範囲が担当プロジェクトの範囲（評価 2）となるため，結果の評価値は 4 となる．

ここまでの作業は，規格の 6.1.2 d)に該当する印象かもしれない．

【JIS Q 27001:2014】

6.1.2　情報セキュリティリスクアセスメント
d)　次によって情報セキュリティリスクを分析する．
1) 6.1.2 c)1)で特定されたリスクが実際に生じた場合に起こり得る結果についてアセスメントを行う．
2) 6.1.2 c)1)で特定されたリスクの現実的な起こりやすさについてアセスメントを行う．
3) リスクレベルを決定する．

確かに，手順 2 で特定されたリスクが実際に生じた場合の結果について影響度を評価し，次に結果の起こりやすさを評価し，最後に結果の評価値として

表 3.6 事象の一覧（評価値等を追記. 一部省略）

No.	事象の発生場所 大区分	事象の発生場所 小区分	事象の内容	事象の発生要因 偶発(1)	事象の発生要因 故意(2)	事象の発生要因 ミス(3)	起こり得る結果	結果の影響度 小(1)	結果の影響度 中(2)	結果の影響度 大(3)	結果の評価値
1	居室内	オフィス	不正侵入（不正侵入による盗難・紛失・破壊を含む）		●	2	CIA		●	2	4
2			天災、第三者提供サービスの障害等による業務中断（ライフラインの停止、ビル・居室の損壊、高速LAN接続サービスの障害を含む）	●		1	A			● 3	3
3			会話が盗み聞きされる [備考] 居室や業務実施エリアであるため、会話を禁止することはできない.			● 3	C		●	2	6
4		（グループ、担当者単位で管理する）共用書庫	保管物の盗難・紛失、破壊（ミスで持ち出す等も含む）			● 3	CA		●	2	6
5		個人卓・書庫	保管物の盗難・紛失、破壊（ミスで持ち出す等も含む）			● 3	CA		●	2	6
6		会議室	放置された資料の盗難（放置にはホワイトボードの板書を含む）		●	2	C		●	2	4
7			端末の盗難、破壊による情報の漏洩、破壊		●	2	C		●	2	4
...			...								

まとめている．しかし，"結果の起こりやすさ"を"事象がどんな要因で起き得るか"という観点で考えてはいるが，これは図 3.6 で示すような，あくまで既存対策を考慮していない状態での，いわばモデルとしての起こりやすさである．

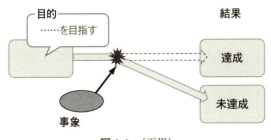

図 3.6 （再掲）

2) で求められている"現実的な起こりやすさ"のアセスメントにはなっていない．

組織における現実的な起こりやすさのアセスメントを行うためには，次に実施する既存対策の分析が必要である．

手順 4　既存対策について，分析し評価する

次に，リスクアセスメントのポイントである"既存対策"の分析と評価について考える．

既存対策の分析にあたり，"リスク源"について確認しておく．

リスク源とは，下記のような定義である．

【JIS Q 31000:2010】

2.16

リスク源（risk source）

それ自体又はほかとの組合せによって，リスクを生じさせる力を本来潜在的にもっている要素．

　　注記　リスク源は，有形の場合も無形の場合もある．

すなわち，リスク源とはリスクを生じさせる要素である．

全く新しい攻撃手法が発見されたり，思いもよらない事象が発生したりしたとき，既存対策が何もなければ，その状態がリスク源となる．だが，実際の場面においては，既知の攻撃手法や想定される事象に対して，既に対策が打たれ，ルールとして制定されているケースが多い．したがって，"リスク源は既存対策でカバーしきれていない部分にあり，既存対策でカバーしている部分にリスク源はない"と考えがちである．しかし現実には既存対策が"できているはずだったが，実はできていなかった"や"できるときがあったり，できる人もいたりするが，必ずしも常に全員ができるわけではない"と言ったような状態が多い．そのような表面的には見えにくい隠れたリスク源の存在が，リスクの発生を許してしまう原因となる（図 3.7）．現実的にはむしろそういった隠れたリスク源のほうが，放置されやすく，対策を打たなければならないのではないかと思う．

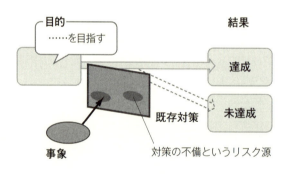

図 3.7 （再掲）

リスクアセスメントの中で，このような隠れたリスク源を適切にとらえられないと，形骸化したリスクアセスメントになってしまう．

では，どのようにしてそのような隠れたリスク源を検出するか．それには，既存対策の"確実度"を評価することとする．つまり事象に対して既存対策が"有効かどうか"を評価する．このとき，有効かどうかを評価するのであって，単に対策の有無を評価するのではない．例えば"情報区分 S の情報資

産は特定の部屋に施錠保管すること"，"複製保管をすること"という対策があったとする．このとき，"不正侵入"という事象に対しては施錠されているため盗難対策はできているとし，既存対策が有効であるとする．一方，"運搬中の紛失"という事象に対しては，許可された者が開錠して資料を取り出し，運搬している最中に紛失してしまうのだから，今の対策だけでは有効な既存対策はないと評価する．このように，具体的に特定の事象がもし発生したとしたら現状の対策で防ぎきれるのかと細かく評価していく．モデルで表現すると図3.13のように，不正侵入という槍の位置には防護壁に穴が空いていないため，槍がレールに届くことはないということで，対策が有効であるということになる．しかし，運搬中の紛失という槍の位置には，穴が空いているため槍がレールに届いてしまうので対策が有効でないということになる．

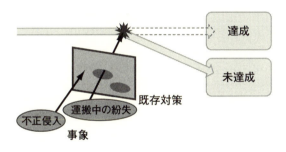

図 3.13 リスクアセスメントのモデル（例）

これを表 3.7 のように表現する．

表 3.7 の右端の"評価"欄について，単純に"対策が有効"，"対策が有効でない"と判断している点について，詳細化する．前述のとおり，ルールがあるということだけでなく，ルールが実際に機能しているかどうかという事実をと

表 3.7 リスクアセスメントシート（単純な例）

情報資産	事象	結果の評価値	既存対策	評価
情報区分 S	不正侵入	4	①特定の部屋に施錠保管すること ②複製保管すること	対策が有効
	運搬中の紛失	6		対策が有効でない

らえなければ"有効かどうか"を判断していることにならない．では，この有効かどうかについて，どのように評価すればよいか．私たちは以下の二つの観点で分解して考えることにした．

（観点1） 対策は確実に役立つのか

検討・導入初期段階では最適解と考えられていたルールも，人・業務・環境の変化により実施されなくなるなど効果が薄れることがある．よって，ルールは明文化されていても，形骸化して誰もそのルールに従っていなかったり，人の手に頼るところが大きく，忘れがちだったりする状況が見られるのであれば，効果が限定的であると現実的に評価するべきである．本書では，この"対策が確実に役立つのか"という観点を"確実度での評価"と呼ぶ．私たちは，表3.8に示す5段階で，既存対策の確実度を評価することにした．この表では，技術的対策のほうが人手による運用ルールより確実度が高いと考え，運用ルールの定着度や実施度を評価基準として取り入れている．

表3.8 確実度の評価基準

評価観点	評価基準
確実度	【評価5】運用ルールに加え，技術的対策を導入し，事業部全体で強固な対策が実施できている．
	【評価4】主に運用ルールで対策している． ルールは具体的かつ実効性にすぐれており，事業部全体で行動が統一できていることが以下の点から確認できる． 　(a) 管理者／利用者を分離し，相互牽制を行っている 　(b) 定期的な検査により実施状況を監視している 　(c) 過去の実績や，日常業務の中で実施が確認できる
	【評価3】主に運用ルールで対策している． ルールは具体的かつ実効性にすぐれており，事業部全体で行動が統一できる状態にある．
	【評価2】主に運用ルールで対策している． ルールは方針・原則を定めるのみで，実際の行動は個人の判断に任される部分が残る．
	【評価1】ルールが規定されていないか，あるいは，規定されたルールが陳腐化，形骸化しており，見直しが必要である．

（観点 2） 対策はどう役に立つのか

情報セキュリティ対策がどのように役立つかについては，情報セキュリティ対策を機能面から四つに分類した以下の分類を利用する．

【情報セキュリティの機能】
　抑止…事象の発生を抑える機能
　予防…事象の原因をなくし，事象の発生を直接的に防止する機能
　検知…既に発生した事象を発見する機能
　回復…発生した事象による影響から脱し，平常状態に戻す機能

私たちは抑止と予防は非常に類似しているものと判断し，"抑止・予防"，"検知"，"回復" の 3 分類を用いる．

一般的にセキュリティ対策は "抑止・予防" することに偏りがちだが，"検知"，"回復" などのバランスも重要である．インシデントが起こらないことが一番ではあるので "抑止・予防" に力が入るのは当然であるが，万が一発生した場合には "検知" できること，問題の影響を最小限にとどめ，早期に "回復" することで，実際に生じる損失を最小限に抑えることが重要となるので，いずれの観点もはずすことはできない．本書では，この観点での評価を "情報セキュリティの機能別の評価" と呼ぶ．具体的には，表 3.8 で示した確実度の評価を，抑止・予防，検知，回復のそれぞれで行う．

上記のように，二つの観点を取り入れた結果，先ほどのリスクアセスメントシートは表 3.9 のように右端の評価の部分が詳細化されることになる．

表 3.9 で示すように，確実度の大きさを示すのに数値を使用しているが，異なる性質の評価値を掛け合わせたりしないため，機能ごとのバランスを評価することができる．さらに，この方法は，単純な数字のみではなく文章で記述を残すことで，評価の根拠を残すことができる．表 3.9 では，"施錠ルールはあるが施錠忘れが散見される" という現実には確実度が低いことの認識，"直接

表 3.9 リスクアセスメントシート（詳細化した例）

情報資産	事象	結果の評価値	既存対策	評価		
				抑止・予防機能の確実度	検知機能の確実度	回復機能の確実度
情報区分 S	不正侵入	4	①特定の部屋に施錠保管すること ②複製保管すること	施錠ルールはあるが施錠忘れが散見される （評価2）	なし （評価1）	複製保管が確実に取られている （評価5）
	運搬中の紛失	6		運搬者の注意義務のみ （評価2）	直接運搬の場合はすぐに気づけるが，郵送の場合は検知が遅れる （評価2）	複製保管が確実に取られている （評価5）

運搬の場合はすぐに気づけるが，郵送の場合は検知が遅れる"という細かな状況に関する分析が行えている．また例えば，"事務所の移転があったことで入退室ゲートの機器が新しい機種になった．その新しい機種は精度が高く，誰かの後ろにこっそりついていくことはできなくなった．そのため，確実度の評価を 4 から 5 に上げた"など，判断実施者がなぜその値にしたかについて，環境の変化とともに記録でき，リスク対応後や，翌年の再評価の際に参照することができる．

このように，隠れたリスク源を洗い出したり，評価したりする過程で"実際の状況"を記述していく．これはまさに実際の状況をおさえ，それが何の機能でどれくらい確実かを記すことで，リスクの発生に対してどのくらい脆弱な状態かを表現している．つまりこの作業で，それぞれのリスクの現実的な起こりやすさについて，アセスメントをしていることになる．

この表 3.9 の左側は，"リスクが実際に生じた場合に起こり得る結果"を示している．この表の右側は，"リスクの現実的な起こりやすさ"を示している（表 3.10）．

3.2 リスクアセスメントの方法の悪さが本質化・効率化を難しくする　83

表3.10　リスクアセスメントシート（詳細化した例・補足）

情報資産	事象	結果の評価値	既存対策	評価		
				抑止・予防機能の確実度	検知機能の確実度	回復機能の確実度
情報区分S	不正侵入	4	①特定の部屋に施錠保管すること ②複製保管すること	施錠ルールはあるが施錠忘れが散見される（評価2）	なし（評価1）	複製保管が確実に取られている（評価5）
	運搬中の紛失	6		運搬者の注意義務のみ（評価2）	直接運搬の場合はすぐに気づけるが，郵送の場合は検知が遅れる（評価2）	複製保管が確実に取られている（評価5）

「リスクが実際に生じた場合に起こり得る結果」は「情報資産」「事象」「結果の評価値」「既存対策」欄に対応し，「リスクの現実的な起こりやすさ」は「評価」欄に対応する．

これは，規格の6.1.2 d)1)と2)を，順を追って実現していることになっている．

―【JIS Q 27001:2014】―

6.1.2　情報セキュリティリスクアセスメント

d)　次によって情報セキュリティリスクを分析する．
　1)　6.1.2 c)1)で特定されたリスクが実際に生じた場合に起こり得る結果についてアセスメントを行う．
　2)　6.1.2 c)1)で特定されたリスクの現実的な起こりやすさについてアセスメントを行う．
　3)　リスクレベルを決定する．

3)で示されているリスクレベルとは，何か．JIS Q 31000では，以下のように定義されている．

【JIS Q 31000:2010】

2.23

リスクレベル

結果とその起こりやすさとの組合せとして表される,リスク又は組み合わさったリスクの大きさ

このとき,結果の評価値と起こりやすさの値を乗算したくなるが,リスクレベルは一つの値にする必要性はない.私たちは機能別確実度の"組合せとして表される"三つの数値をリスクレベルとして扱うこととした.それは,一つの値として合成せずに個別に残したほうが,何がどう弱い状態かを正確に表現することができ,リスク源に対して本質的な対策が打てるようになると考えたからである.このリスクレベルをどう評価するかについては,手順5に後述する.

さて,ここでいったん,このリスクアセスメント方法について振り返る.この新しいリスクアセスメント方法は,従来必要としていた情報資産管理台帳を用いていないことに気づかれた方もいるかもしれない."情報資産管理台帳"とは,"xxx設計書","xxx議事録"というように情報資産の名前まで特定していた一覧表のことである.では,情報資産はどのように特定していたか.

新しい方法では表3.11のとおりとなる.

表3.11 情報資産の一覧

・情報区分 S / S*
・情報区分 A / A*
・情報区分 B / B*
・情報区分 C / C*

これは,情報区分の一覧ではないかと言われるかもしれないが,"'情報区分がAである'という情報資産"がここに特定されていると考えていただければよい.

このようにしている背景を以下に示す.

3.2 リスクアセスメントの方法の悪さが本質化・効率化を難しくする

　リスクアセスメントでは，ここで洗い出した情報資産ごとに事象や既存対策を考えることになる．このとき，情報区分ごとに保管や廃棄のルールが決まっていることを前提とする（3.1.2項参照）．そのため，既存対策は情報区分ごとに洗い出すことができる．リスクアセスメントを行ううえでは，既存対策の洗い出しに必要な粒度で情報資産の特定を行えばよいため，表3.11のように情報区分の単位で情報資産を洗い出せばよい．例えば"情報区分Aに指定されている紙情報は，特定の部屋に保管すること"というルールがあり，そのとおり対策がとられているとする．しかし特定の部屋に保管することのみで"部屋に鍵をかけること"についてはルールに含まれていないので，情報には鍵がかかっておらず不正侵入されれば誰でも持ち出せる状態だったとすると，不正侵入という事象に対しては，既存対策が十分でなく，リスク源があるということになる．この状況は，情報区分Aに指定されている情報すべてに共通的に適用されている既存対策の不備であって，情報資産ごとに個別のものではないとする．

　先述したとおり，リスクアセスメントは，防護壁のどこにどのような穴が空いているかを特定する作業である．しかし，従来の方法では，それぞれの情報資産の防護壁の形が同じにもかかわらず，それぞれの情報資産を洗い出していた．しかし，改善後の方法では防護壁の形が同じ資産をまとめるだけで，情報資産の洗い出しを済ませている．防護壁の形が同じということは防護壁のどこにどのような穴が空いているかも同じなので，情報資産の洗い出しはこれで足りるということである．

　もちろん，定められている既存対策が共通であっても，実施状況が共通になるとは限らないという指摘もあると思う．先ほどの例では，情報区分Aの情報資産a1はルールどおりに保管されているものの，情報資産a2はルールどおりに保管されていない場合などである．このとき，不正侵入という事象に対する評価は当然a1とa2で異なる．このように，対策がとられ実施できているはずだったが実はできていなかったというケースは，どうすればよいか．

　このようにルールどおりに実施されていない事実を検出した場合，その具体

表 3.12 リスクアセスメントシート（対策状況の違いについて記載した例）

（例 1）

事象	結果の評価値	既存対策	評価
			抑止・予防機能の確実度
不正侵入	4	①特定の部屋に施錠保管すること ②複製保管すること	a1 はルールどおり保管されている．しかし，**a2 は施錠されていない状態で保管されている**． (a1：評価 4　**a2：評価 1**)

（例 2）

事象	結果の評価値	既存対策	評価
			抑止・予防機能の確実度
不正侵入	4	①特定の部屋に施錠保管すること ②複製保管すること	施錠ルールが定着している．ただし，○○担当では多くの社員が施錠保管をしておらず，形骸化している． (評価 4　ただし，○○担当：1)

（例 3）

事象	結果の評価値	既存対策	評価
			抑止・予防機能の確実度
不正侵入	4	①特定の部屋に施錠保管すること ②複製保管すること	施錠ルールが定着している．ただし，△△ビルは旧式の鍵であり，月に数回程度故障している．この際，未施錠になっている． (評価 4　ただし，△△ビル：2)

的な状況も含めて評価欄に記述すればよい．それは資産の単位でなく，組織や拠点の単位など，あらゆる切り口で対策状況の違いについて記載することができる（表 3.12）．

このようにすることで，状況を漏らすことなく記録でき，資産ごとの状況の差分もアセスメントできる．そのため，情報資産を特定する段階では，資産個別の管理の多様性にとらわれなくてもよい．

ただしこの状況の記述に関して気をつけるべきことがある．分析の段階では，担当ごとの違いは細かく把握したほうがよいが，リスク対応の段階で，部

保護すべき対象は何か

　ここで，私たちが本来保護したい"情報"について考えてみたい．パソコンの画面に表示されるものも，私たちの口から発せられるものも，すべて情報であり，職場では日々大量の情報が発生している．当然，オフィスの中のすべての情報を一つひとつとらえることなどできない．この前提に対して，情報が宿る媒体それぞれを把握することで，極力，情報をとらえようとしていたのが，従来のリスクアセスメント方法の前提である．媒体としてイメージしやすい，パソコン，サーバー，印刷した紙のファイルなどをなるべく網羅的にとらえようとして，台帳での管理を行っていた．しかし，媒体でとらえる以前に，すべての情報は本来的にいずれかの情報区分に該当し，その情報区分に従って，取扱いのルールが既にあることに着目すると，それぞれの媒体を網羅的に把握することは，リスクアセスメントのために絶対に必要なことだとはいえないことに気づいた．つまり，社員がパソコンの中に様々なファイルを保管しているとき，保護すべき情報資産を"パソコン"ではなく，"パソコンの中にある情報"，さらに言えば"パソコンの中にある，保護する必要がある情報"と認識するのである．同様に"バインダーや紙ファイル"ではなく，"バインダーや紙ファイルの中にある，保護すべき情報"を，私たちの情報資産ととらえるのである．このように解釈すると，媒体の資産価値は情報区分を用いて半ば機械的に決定できる．実際に媒体を扱う者がその媒体の中にある情報を正しく把握できなければ，正しい情報価値が判断できない点は，媒体ごとに資産価値を決定する方法であっても同じだが，一つの媒体，例えばある特定のパソコンの中の情報であっても日々変化し，資産価値は高くなったり低くなったりする．少なくとも，リスクアセスメント結果を見直す頻度より，ずっと速い頻度で資産価値は変化する．このように，日々変化する情報を静的な一覧表でとらえようとしたり，網羅的に洗い出そうとしたりすることは得策とは言い難い．確かに，"パソコン"という有形物ではなく"情報"という無形物を情報資産と解釈することで"すべてを網羅できる"というのは，単なる解釈の遊びにすぎないと思われるかもしれないが，リスクアセスメントで重要なのは，いかに実質的なリスクを明らかにするかということである．そのためには，感度のよい切り口で現状を正しくとらえなければならない．私たちは，情報資産を上記のようにとらえることで，既存対策の不備という脆弱性を評価するために，対象を"網羅的に"把握することで満足感を得るのではなく，対象を"対策の評価に必要な単位で"把握することによりこの部分の手間を減らし，この後に行う対策の評価で実態をとらえることに主眼を置くことにした．

`column`

門ごとにルールを策定することは，管理が煩雑になる要因となることがある．つまり管理上，部門ごとの個別ルールは最低限となっていることが理想である．そのためには，この全部門共通のリスクアセスメントで，部門ごとの差異を明確にし，ルール策定以外の対策（教育，機器交換等）により対応できる余地を探ることで，部門個別部分の規程の軽量化をねらえることが多い．つまりこの部分で単に"できていない"ではなく，どういう状況で何が原因でできていないかを明確にすることが肝要である．

　ここで私たちの経験に基づく一つの考え方について触れておく．リスクアセスメントは，組織全体を俯瞰し実施しなければならないため，情報を広く集め，総合的に判断する必要がある．しかし，作業にかかわるメンバーは限定したほうが評価の粒がそろいやすくなる．そして，完成後のシートを確認する段階で，再び広く現場担当者に参加してもらうほうが，より現場実態を反映しやすくなる．このとき，文章により評価の根拠が記録されていることで，書かれた内容の真偽や，まとめた内容をヒントに他のまだ考慮されていない事項の追加について意見を求めることがよりスムーズに実施できる．

手順5　リスクを評価する

　ここまでのステップで，対象の情報資産を情報区分で評価し，リスク源を既存対策の機能別確実度で評価した．以下では，それらを組み合わせた結果から，リスクをどのように評価するかについて解説する．

　まず，資産価値については，単純に情報区分Sを4，Aを3，Bを2，Cを1としている．

　次に，機能別確実度の点数（リスクレベル）を合成せず，機能ごとに評価する．そのため，リスク受容可能レベルも，全体で一つの値になるのではなく，抑止・予防，検知，回復のそれぞれの値で表される．このとき，資産価値が高く結果の評価値が大きいものほど，高い保護を必要とすることに異論はないと思うが，"事象の発生を，抑止・予防することが最優先で，仮に抑止・予防しきれなかったとしても検知することで，迅速な対処を行うことが重要である"

と私たちは考えている．つまり，抑止・予防策と検知策の充実が，回復策の充実より優先されるべきと考える．この部分は，"抑止・予防さえできればいい"とするか，"抑止・予防より即時検知することが重要"とするか，"情報資産を回復さえできればよし"とするかはそれぞれの組織の思想による．私たちの組織は保護レベルが高いほど，抑止・予防と検知のレベルが回復のレベルより高くなるよう重みづけをしている．

そのため，リスク受容可能レベルは図 3.14 のように図示できる．

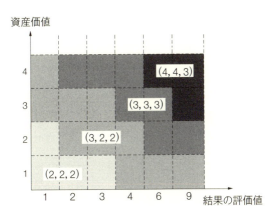

図 3.14 リスク受容可能レベル
（抑止・予防，検知，回復）で必要レベルを表現

この図において，資産価値 1，結果の評価値 2 のセルを見ると，(2, 2, 2) という記述になっている．これは，既存対策の評価が，抑止・予防(2)，検知(2)，回復(2)以上であれば，リスクを受容可能と判断し，この値を下回る場合は，対策の改善が必要であるということを意味している．先に述べたようにこの数値の組合せをどのようにするか，(2, 2, 2) とバランスをとるか，(2, 2, 3) と回復を重視するかは組織の方針によるが，基本的には資産価値と結果の評価値が上がるほど，高い保護レベルを求めることになるため，斜めに傾いたボーダー模様になるであろう．

なお，この数値は機能別確実度なので，実態を評価した値が受容可能レベル

の値に達しないとき，対策の必要性があると判断する．つまり，評価した結果が抑止・予防(2)，検知(2)，回復(2)で，この図が示す値が (3, 2, 2) であれば，抑止・予防が不足しているため対策が必要というように見る．この点について，従来のリスクアセスメント方法では，リスク受容可能レベルは評価した結果が受容可能レベルを上回ったとき，対策の必要性があると判断していたため，大小が逆転していることに注意が必要である．改善後の方法では，受容可能レベルをそれぞれの機能に求められる確実度の"必要レベル"として位置づけるとわかりやすいと思う．

リスク受容可能レベルを追記するとリスクアセスメントシートは表 3.13 のようになる．

表 3.13 リスク受容可能レベルを追記したリスクアセスメントシート

情報資産	事象	結果の評価値	リスク受容可能レベル（必要レベル）	既存対策	評価		
					抑止・予防機能の確実度	検知機能の確実度	回復機能の確実度
情報区分 S（評価4）	不正侵入	4	(3,3,3)	①特定の部屋に施錠保管すること ②複製保管すること	施錠ルールはあるが施錠忘れが散見される（評価2）【受容可能レベル3に対して不足なのでリスク対応要】	なし（評価1）【受容可能レベル3に対して不足なのでリスク対応要】	複製保管が確実に取られている（評価5）【受容可能レベル3以上なのでリスク対応不要】
	運搬中の紛失	6	(4,4,3)		運搬者の注意義務のみ（評価2）【受容可能レベル4に対して不足なのでリスク対応要】	直接運搬の場合はすぐに気づけるが，郵送の場合は検知が遅れる（評価2）【受容可能レベル4に対して不足なのでリスク対応要】	複製保管が確実に取られている（評価5）【受容可能レベル3以上なのでリスク対応不要】

3.2 リスクアセスメントの方法の悪さが本質化・効率化を難しくする 91

　この表から，不正侵入を例にとると，抑止・予防機能の受容可能レベルが3に対して，実態が2という評価なので，追加のリスク対策が必要になることがわかる．同様に，検知機能について，受容可能レベルが3に対して，1という評価なので，追加のリスク対策が必要になることがわかり，回復機能については，受容可能レベルが3に対して，5という評価なので，追加のリスク対策が必要ないことがわかる．

3.2.5　リスクアセスメント結果の新旧比較

　新しい手順に基づき実施したリスクアセスメントの例を，本章末尾資料（改善後のリスクアセスメントシート，pp.102–123）に示した．なお，このリスクアセスメントシートに記載されている内容は架空の状況を想定し例示したもので，当事業部の実際の状況を示すものではない．

　リスクアセスメントシートにおいて，濃い網掛けがなされている部分が，リスク受容可能レベルを満たさない点であり，リスク対応計画を策定する対象となる．

　資産価値の高いほうから並べ，より機密性の低い情報に対して，上位と同一の対策をとっている場合は"同上"と書くことで評価の記載が省略できる．当然ながら，差分があれば差分を記述するが，全体的な記述量を抑えることができれば記入や修正作業の手間は削減できる．また，上位との差分だけが記述されることで，視覚的にもわかりやすい一覧になる．

　さて，このリスクアセスメント例では，いくつかのリスクを受容としている．

　第2章でも述べたが，ISMSの目的は，リスクのコントロールであり，すべてのリスクを受容可能レベル以下に収めることではない．費用対効果を鑑み，リスクを承知で受容する管理も重要である．そのように，リスクを見える状態にし，問題が発生する可能性を認識したうえで，問題が発生した場合に適切に対処できるような仕組みを構築することが結果的によい成果を生むこともある．このリスクアセスメント方法は，残存しているリスクについても具体的にどういう状況のときにどういうリスクが残存しているかわかりやすいというメ

リットもある.

検出したリスクの違いについて

それでは，まず改善後のリスクアセスメントシートで検出したリスクについて，従来のリスクアセスメントシートではどのように評価されるかに焦点を当てて違いを例示する.

表3.14のように，旧方法のリスクアセスメントでは表面的に網羅したような気になっていても，"実は確実でなかった"，"実は万全でなかった"という点では，実態を拾いきれておらず見過ごしていたリスクが多いことに気づく.

この点は，監査や有効性測定を適切に行うことで検出できる性質のものではあるが，このリスクアセスメントでもチェックできることでリスクの検出をより確実なものにすることができる.

表3.14 従来の方法では検出されないが，改善後の方法では検出されるリスク

改善後のリスクアセスメントシートにおける評価		評価の違い
ア	身分証を着用してない者や不審者等を発見した際に，相手を確認するルールを定めているが，**実際に声をかける者は少ない**.	【従来のリスクアセスメント】 対策の数で判断するため，"オフィスの入退室管理，監視カメラの設置，ゲートログの定期的確認"，"不審者を発見した場合は声をかけるルール"等複数のルールがあることで"不正侵入"に対する脆弱性は低いと判断し，リスクは検出されない. 【改善後のリスクアセスメント】 確実度の評価基準における評価4の根拠である"(c)過去の実績や，日常業務の中で実施が確認できる"に照らして確実度を評価するときに，不正侵入に対して，部外者を発見した場合，現実には"見慣れないからといって不審者扱いして声掛けするのは失礼にあたる"など躊躇する人がいるという状況をとらえることができる.
イ	居室入口に監視カメラを設置しており，定期的に映像を確認.他人のICカードを不正に利用し侵入した場合は，ICカードゲートログ，監視カメラの映像等から追跡可能.だが，ゲートログの保管期間が半年なのに対し，**監視カメラの保管期間が1か月であるため，不正が発見された場合映像で追跡できる範囲は1か月と限定的である**.	【従来のリスクアセスメント】 対策の数で判断するため，"オフィスの入退室管理，監視カメラの設置，ゲートログの定期的確認"等複数のルールがあることで"不正侵入"に対する脆弱性は低いと判断し，リスクは検出されない. 【改善後のリスクアセスメント】 確実度の評価基準における評価4の根拠である"(b)定期的な検査により実施状況を監視している"に照らして確実度を評価するときに保管期間が不一致であるという実情を検出できる.

3.2 リスクアセスメントの方法の悪さが本質化・効率化を難しくする　93

表 3.14　（続き）

改善後のリスクアセスメントシートにおける評価		評価の違い
ウ	一部の会議室は廊下に近く，音量が大きい場合は声が漏れる可能性がある．	【従来のリスクアセスメント】 音声という媒体を考慮できない． 【改善後のリスクアセスメント】 様々な事象を洗い出すことで，音声に関する実質的なリスクを検出できる．
エ	使用されなくなったアカウントについて，申請忘れがあった場合は，残り続け，不正利用される可能性がある．	【従来のリスクアセスメント】 対策の数で判断するため，"ネットワークの利用申請手続きを定め，申請書に基づきアカウント等を発行"，"アクセスログの取得，アクセスログの監査"等"一般ユーザー権限の不正利用"に対する脆弱性は低いと判断し，リスクは検出されない． 【改善後のリスクアセスメント】 確実度の評価基準における評価 4 の根拠である"(c) 過去の実績や，日常業務の中で実施が確認できる"に照らして確実度を評価するとき，着任時にはアカウント申請が定着しているが離任時には申請漏れがありリスクがあることに気づくことができる．
オ	特権保有者はログへのアクセス権限保有者のため，操作ログを自由に改ざんできる．	【従来のリスクアセスメント】 対策の数で判断するため，"特権保有者に対する教育"，"特権の付与申請ルール"等"特権ユーザー権限の不正利用"に対する脆弱性は低いと判断し，リスクは検出されない． 【改善後のリスクアセスメント】 機能別に考えることで，特権保有者に対する教育等の抑止・予防策の実施はできていたが，不正が行われた場合の検知策がないことを検出できる．
カ	資産価値 4 の情報はファイル単位でパスワード保護し個人単位でアクセス制御を実施している．ただしメールに添付する形で送付する際，パスワードを別のメールで送信する場合が多い．外部から盗聴されている場合，同じ経路で別送しても効果が薄い．	【従来のリスクアセスメント】 対策の数で判断するため，"OS によるアクセス制御，暗号化，ファイルパスワードの付与，アクセスログの取得，アクセスログの監査"等"外部ネットワークからの攻撃による情報の漏洩，破壊"に対する脆弱性は低いと判断し，リスクは検出されない． 【改善後のリスクアセスメント】 確実度の評価基準における評価 4 の根拠である"ルールは具体的かつ実効性にすぐれている"に照らして確実度を評価すると，メールにパスワード付きのファイルを添付する際に同じ方法でパスワードを再度送信している場合が多く，外部から盗聴されている場合には，対策の実効性が低いことを検出できる．
キ	プリンタやコピー機を使用した際は，資料を速やかに回収するルールを定め運用しているが，資産価値 3 は情報及び取扱者が多数であり，置き忘れが見受けられる．	【従来のリスクアセスメント】 対策の数で判断するため，"回収するルール"，"FAX 原則禁止"等"FAX，コピー機，プリンタに置かれた資料の盗難・紛失"に対する脆弱性は低いと判断し，リスクは検出されない． 【改善後のリスクアセスメント】 確実度の評価基準における評価 3 の根拠である"事業部全体で行動が統一できている"に照らして確実度を評価するときに，ルール自体は機能しているものの人により実施されたりされなかったりするという実情を検出できる．

次に，改善後の方法では，リスク低減に役立っているとは評価されないルールについて，解説する．

【あ】 記録媒体の管理

CD や USB メモリなどの記録媒体の使用は原則禁止だが，やむを得ず使用する場合は，管理者に承認を得て媒体の使用許可を受け，使用すること．管理者は使用予定の媒体を鍵付きの保管庫で，常時施錠したうえで保管すること．また，週に1回紛失がないか個体点検をすること．

1.4節でも例として挙げたこのルール自体，十分なセキュリティ対策を実施しているような印象を受けるが，この個体点検の対象は何か実情をとらえると，これから使用する媒体であって，中身は何の情報も入っていない空の媒体なのである．当然，重要なのは情報を格納した後の媒体の管理であり，空の媒体をチェックすること自体は，数百円程度の物品の確認にはなっているものの，情報セキュリティのリスクの低減にはなっていないのである．情報を格納した媒体を保管庫にしまっているならば，個体点検は意味があるかもしれないが，何も入っていない空の媒体に対して，情報格納済みの媒体と同様の手間をかけるのは明らかに過剰といえる．

もしかしたら情報の消し忘れがあって，保管庫には意図せず情報が残っている媒体が入っているかもしれない，というご指摘があるかもしれないが，それであるならばそもそも何かの情報が残されているかもしれない媒体を保管庫に保管してしまったことに問題がある．そのため，手を打つのは返却された媒体を保管庫にしまう際にデータを消去するプロセスということになる．

また，この媒体保管庫から，組織内の情報を盗むなど不正に利用する目的で，誰かが持ち出していたとしたらどうなるのか，というご指摘があるかもしれないが，実際にそういったシーンがどれだけあるだろうか．不正に社内の情報を持ち出そうとする悪意ある者は，わざわざ保管庫にある媒体を使用するだろうか．市販のものや私物の媒体を使うほうが，よほど容易に入手できるし，

痕跡も残りにくいため，それらを使って情報を盗もうとするのではないか．むしろ，パソコンやサーバー側に，特定の認証を受けなければ媒体への情報書出しができないような技術的な仕組みを導入することのほうが，よほど効果があるといえる．したがって，やはりこの例で示したルールにはリスク低減効果はない．

> 【い】 ISMS記録管理台帳
> 　ISMS活動に関する記録を作成したら，その都度，ISMS記録管理台帳に掲載し，週に1回棚卸し（台帳と書類実物との突合せ確認）すること．

　このルールは一見問題がなさそうに見える．しかし，このルールはそもそも何のリスクを低減させるために存在しているだろうか．
　ここでいう棚卸しとは，本来あるはずのもの（ここでは書類の実物）について，手元の台帳と突き合わせることで，書類を紛失してしまっていないか確認することである．つまり，"情報の紛失"というリスクに対応していることになる．
　しかし，先ほどのルールは，この"情報の紛失"というリスクの発生を防ぐことに役立っているのだろうか．棚卸しという方法自体は，紛失を予防するために行うことではなく，紛失してしまったことに気づくために行うことであるので，抑止・予防には役立っていない．では，検知に対してはどうだろうか．このルールは，従業員が作成した書類をその都度自分で掲載する方法をとっている．したがって，この掲載自体を忘れた場合，この棚卸しというチェックからは漏れることになる．つまりこのチェックはそもそも本来チェックすべき対象を網羅していないかもしれないのである．現場をイメージすると，担当者が台帳に掲載したような資料を紛失してしまうケースより，掲載することを忘れてしまったような資料のほうが紛失の可能性が高いと思えないだろうか．したがって，このルールにだけ手間をかけても，しっかり管理されている資料は毎回棚卸しをするが，しっかり管理されていない資料は，毎回棚卸しされず，紛

失したことすら気づかないという可能性があるのだ．

このように，一見よさそうなルールの中でも，よく考えると，そのままではセキュリティの向上に貢献していない，形だけのルールというのが，多く存在している．"やるにこしたことはない"として放置してしまうのではなく，ISMSのルール全体を俯瞰し，負担感のわりに効果がないものは見直す必要がある．

3.2.6　改善後の新しいリスクアセスメントシートの特徴

本章の最後として，改善後の新しいリスクアセスメントシートの特徴をまとめる．

特徴1　全体を俯瞰できる量であり，無駄がなく，トレーサビリティを確保できること

図3.15では，新旧のリスクアセスメントシートを形式面から比較している．以前の方法は，脅威，脆弱性などの要素をかみ合わせることなく，総当たり的に考慮する方法であったため，リスクアセスメントシートは膨大になり，俯瞰することが難しいものになっていた．また数値のみ記述することでどのように判断したかのトレーサビリティは失われていた．このことで，どの情報資産にどのような脅威があり，その脅威に対して現状どれほど脆弱な状態になっているのかが埋もれてしまっていた．

新しい方法では，この脆弱性について，リスク源という形で"既存対策の不備"ととらえ，さらにその"既存対策"は，情報区分を軸に集約できることに着目したことで，分析対象のバリエーションを大幅に絞り込むことができた．また評価した根拠を文章で記述することにより，トレーサビリティを確保することを可能にした．これにより，全体を俯瞰できる量で，無駄がなく，トレーサビリティを確保できるようになっている．

特徴2　対策の評価が合理的であり，ルールの有効性で評価できること

実態を対策数のみで評価するのではなく，効果で評価することで合理性を確保している．この効果を評価する際に，どんな脅威に対して，どんな機能を発

3.2 リスクアセスメントの方法の悪さが本質化・効率化を難しくする

従来のリスクアセスメントシート
(担当で1部)

脅威分類	脅威	脆弱性	情報資産 ●●成果物[2]	△△資料[2]			
壊される	不正利用[1]	制御の不徹底[2]	4	4			
		教育の不徹底[1]	2	2			
	ウィルス感染[3]	制御の不徹底[2]	12	12			
		教育の不徹底[1]	6	6			

情報資産(約40分類)

153項目
(脅威46項目 × 脆弱性46項目の中から関連する項目)

改善後のリスクアセスメントシート
(事業部で1部)

情報区分	事象	既存対策	対策の評価		
			抑止・予防	検知	回復
S	不正利用	①…する ②…する ③…する ④…する	××の点で有効でない	○○の点で対策が有効	○○の点で対策が有効
	ウィルス感染		○○の点で対策が有効	○○の点で対策が有効	○○の点で対策が有効

約80項目(ただし,実質半分程度で済む)
(情報区分4分類 × 事象約20項目)

図 3.15 リスクアセスメント方法の比較(形式面)

揮するのか（抑止・予防，検知，回復），そしてそれは現実的なのかという基準（確実度）で評価することで，効果の評価方法の合理性を高めている．これにより，対策の評価方法に合理性をもたせ，ルールの有効性を評価できるようになっている．

特徴3　事業部全体を一定の基準で評価し，シンプルな方法であること

以前は，リスクアセスメントを現場それぞれで互いに連携することなく実施しており，分析のレベルや対応計画の違いが出て，施策や是正・予防処置の中身も担当間で差があるものになっていた．仮に担当が定めたルールや処置の内容について，私たち運営組織が"その方法では本質的に対応できていないのではないか"，"すぐに事象が再発してしまうのではないか"と思うようなものがあっても"リスクアセスメントに直接関与していない私たちが，担当で決めたことに干渉するのは悪い"といった心理的な抵抗や，担当との情報共有が不十分であるがゆえに"担当がいいと言っているのなら任せよう"という気持ちもあり，容認してしまっていた．それが結果的に管理の濃淡を生んでしまい，無駄を生み，管理を煩雑にさせる一因となっていた．

新しいリスクアセスメント方法を導入するにあたり，私たちは運用方法を見直し事業部で1パターンのみの作成とした．そして各担当の委員にはその内容について確認してもらう役割分担にした．委員が現場の実情をありのままに観察し，一定の基準に基づく評価は運営組織が行うという分担で，各現場の様子を網羅的に取り入れつつ，事業部全体を一定の基準で評価するリスクアセスメントを行えるようになった．

以上を総括して，リスクアセスメントの各プロセスについて，どのような違いがあるかを図3.16にまとめる．

なお，このようにリスクアセスメント方法を大きく変更する際に注意すべき点は，過去との比較可能性を残すことである．ISMSはPDCAサイクルの結果，マネジメントシステムとしての質的向上が求められている．その過程において，組織の状況はどう変化し，リスク源をどうコントロールし，リスクを抑えてきているか，という観点で過去との違いを評価し，マネジメントシステム

3.2 リスクアセスメントの方法の悪さが本質化・効率化を難しくする　99

従来

資産の特定

情報を網羅的に洗い出しても…
- 実施は粒度が混在したり，抜け漏れがあったりし，結局網羅性は担保できない
- 膨大な分量で全体を把握できない

脅威の評価

"頻度"について，
　3．頻繁に発生する
　2．ときどき発生する
　1．ほとんど発生しない
と評価しても…
- 脅威を一側面からしか見ていない
- 基準が属人的で，後追いできない

脆弱性の評価

対策の"数"について，
　3．有効な対策がなく，問題あり
　2．必要最低限の対策で不十分
　1．複数の有効な対策で問題なし
と，評価しても…
- 対策内容の評価が十分でない
- 基準が属人的で，後追いできない

リスク値の算出

リスク値をまとめて計算するので…
- 数値の意味がわかりにくく，複雑で，どこにリスクがあるのかトレースが難しい

改善後

資産の特定

情報区分で洗い出すので…
- 対策を考えるのに不要な手間がかからず，一律に検討できる
- 全体を把握できる分量に収まる

事象の評価

評価を結果としての頻度ではなく原因で評価したうえに，影響を加味するので…

- 発生しやすさに加え，影響を含め，多面的に評価できる
- 基準から属人性を極力排除した

対策の実施状況（リスク源）の評価

既存対策を機能別に，確実度で評価するので…
- 対策の不備と，その不備を突くことになる事象をかみ合わせることで，的を射た分析ができる
- "形骸化していて確実ではない"という正直な評価ができるので，実態にかなった実用的な評価ができる
- どの場面を想定して評価したか文書で残すため，後追いが容易になり，見直しもしやすい
- 数値をまとめて計算せず，機能別に大小比較しているため，判断基準が論理的になる

図 3.16　リスクアセスメント方法の比較（内容面）

の質的向上を確認できるようにすることが重要である．子供の成長を身長で測るとき，昨年まではセンチメートルで計測していたものを今年から突然インチで計測してしまっては，比較ができず，成長しているかどうかがわからないことと同じである．このときセンチメートルとインチの変換表を使うことで比較可能性を担保するように，前回までの事象の一覧との対応を確保しておくことや，前回までに取り扱ったリスクとその対策を記録し，新しい方法によるそれらと対応をとっておくとよい．

対象範囲の模式図の作成について

　組織やシステムが大きくなればなるほど，全体像をつかむのは困難になるため，アセスメント実施者は多くの関係者からヒアリング等により情報を集め，総合的な判断を下す必要がある．その際，想定の"抜け"や"漏れ"を防いだり，アセスメントにおける各種前提条件を共有したりするために，リスクアセスメントの対象範囲について模式図を書くとよい．図3.17のように物理的な環境，登場人物，保護すべき情報資産のライフサイクルなどを大枠で示し，脅威や脆弱性を追記したものを作ることで，アセスメント関係者間で想定をあわせることや，議論の対象としている箇所の確認，派生して横並びで確認すべき点がないかなどの検討がスムーズに行える．また，アセスメントを進める中で脆弱な点が見つかると，各論に深く入り始め，周囲を見落としてしまうことがよくあるが，そういった際にも，全体の調査状況を俯瞰することができ，考慮のバランスに偏りが生じてないかを確認することができる．

　例示した図は，かなり簡略化して書かれたものであるが，インターネット上に公開している自社の製品紹介サイトからどのような攻撃を受けるか，各所で想定される脅威を洗い出した例である．

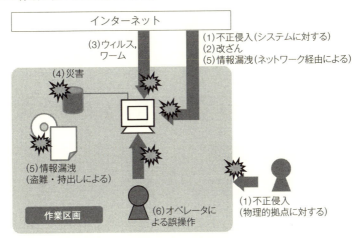

図 3.17　模式図の例

資料　改善後のリスクアセスメントシート

以下のように定義する．
　情報区分S/S*……資産価値4　　　情報区分B/B*……資産価値2
　情報区分A/A*……資産価値3　　　情報区分C/C*……資産価値1

項番	資産価値	事象		結果の評価値	必要レベル(抑,検,回)	主要な既存対策	評価値
		どこで	どうする				
1-1	4	オフィス	不正侵入（不正侵入による盗難・紛失・破壊を含む）	4	(3,3,3)	■居室の物理的対策 オフィスの入退室管理，監視カメラの設置，ゲートログの定期的確認，身分証の着用 ■電子情報に関する対策 OAサーバーは，施錠されたマシン室に設置 ネットワークの利用申請手続きを定め，申請書に基づきアカウント等を発行 サーバー，クライアントパソコンにはウィルス対策ソフトを導入 ■情報取扱時の対策 【保管】 個人専用の書庫にて常時施錠管理，クリアデスクの徹底，情報資産目録を作成し，四半期に1度現物との確認を実施． 電子情報は，OSによるアクセス制御，暗号化，ファイルパスワードの付与，アクセスログの取得，アクセスログの監査，クリアスクリーン方針（離席時スクリーンロック）の徹底，制御ソフトによる媒体への書き出し制限，[あ] 媒体を施錠保管し週次で個体確認を実施．	5
1-2	4	オフィス	天災，第三者提供サービスの障害等による業務中断（ライフラインの停止，ビル・居室の損壊，高速LAN接続サービスの障害を含む）	3	(3,3,3)		4
1-3	4	オフィス	会話が盗み聞きされる [備考] 居室や業務実施エリアであるため，会話を禁止することはできない．	6	(4,4,3)		2

資料　改善後のリスクアセスメントシート

対策の評価結果					新規に実施する対策 (リスク対応計画)
抑止・予防		検　知		回復（※情報区分*のとき考慮）	
根　拠	評価値	根　拠	評価値	根　拠	
ICカードゲートによる入退管理を行い，身分証を常時着用するルールを徹底．各居室の入退室管理ゲート装置を最新化し，入室・退室の両方がチェックされるようになった．これにより不審者の侵入は困難となっているため，評価は5とする．	2	【ア】身分証を着用していない者や不審者等を発見した際は，相手を確認するルールを定めているが，実際に声をかける者は少ない． 【イ】居室入口に監視カメラを設置しており，定期的に映像を確認．他人のICカードを不正に利用し侵入した場合は，ICカードゲートログ，監視カメラの映像等から追跡可能．だが，ゲートログの保管期間が半年なのに対し，監視カメラの保管期間が1か月であるため，不正が発見された場合映像で追跡できる範囲は1か月と限定的である．	3	情報区分に"*"が付与された資産は，複製を分散保管しており，紛失・破壊時は速やかに復旧できる．	・お客様バッチの着用 ・お客様対応エリアの設置（これにより居室内に来訪者を招き入れないルールを設定する） ・監視カメラの保存期間の変更
オフィスには，消火器を設置．天災，障害等の発生時の被害抑制を目的とし，緊急時連絡ルートを整備のうえ，訓練等を実施している．	4	オフィスには火災報知機が設置されており，定期的に動作点検が行われている．その他，大規模災害であれば発生時，実態として検知できる．	3	複製を分散保管するルールに従い，被災時の業務復旧に必要な情報については遠隔地保管を実施している．	
業務に関する会話は居室内のみで行うことになっている．ただし，【ウ】一部の会議室は廊下に近く，音量が大きい場合は声が漏れる可能性がある．	1	盗み聞きされたことの検知は困難である．	—	人の記憶に関する回復は評価不要	［抑止・予防］貼り紙等による会議室利用者への注意喚起 ［検知］有効な対策がないため，受容する．

項番	資産価値	どこで	どうする	結果の評価値	必要レベル (抑,検,回)	主要な既存対策	評価値
1-4	4	（グループ，担当単位で管理する）共用書庫	保管物の盗難・紛失，破壊（ミスで持ち出す，捨ててしまう等も含む）	6	(4,4,3)	【流通・利用】 二次開示禁止． 管理責任者の許可以外は複製・編集禁止． 搬送中の紛失・盗難発生時は，緊急時連絡ルートに従い速やかに連絡． FAX原則禁止（やむを得ない場合，誤送信防止装置を利用の上，送達確認を実施）． プリンタ等には放置せず即時回収し，万が一放置されている場合は見つけ次第回収し廃棄してよい． 資料搬送時の注意（内容の露呈を避ける，寄り道禁止，鞄は肌身離さず持つ等）． 制御ソフト導入により，ファイルサーバーから，無許可で媒体に情報を書き出すことは制限されている． メールフィルタによる流通制御，暗号化． 【廃棄】 印刷資料はシュレッダで細断 電子情報は，HDD等復旧コマンド等で再生できないよう削除するか物理破壊 ■その他の対策 携帯電話は常時ロックの設定・方法の習得教育． 記録媒体は取扱い記録の取得，定期的監査． 私物媒体の利用禁止． 来訪者対応の徹底，会議は会議室で実施する． 立ち聞きされそうな状況で，業務に関する話題を不用意に口にしない．	4
1-5	4	個人卓・書庫	保管物の盗難・紛失，破壊（ミスで持ち出す，捨ててしまう等も含む）	6	(4,4,3)		4
1-6	4	会議室	放置された資料の盗難（放置にはホワイトボードの板書も含む）	4	(3,3,3)		3
1-7	4	会議室	端末の盗難，破壊による情報の漏洩，破壊	4	(3,3,3)		4
1-8	4	ごみ箱，溶解処理用の書類回収ケース	ごみ箱，溶解処理用の書類回収ケースからの盗難	4	(3,3,3)		4
1-9	4	FAX，コピー機，プリンタ	FAX，コピー機，プリンタに置かれた資料の盗難・紛失（FAXを用いた外部ネットワークへの誤送信も含む）	6	(4,4,3)		4

資料　改善後のリスクアセスメントシート

対策の評価結果							新規に実施する対策（リスク対応計画）
抑止・予防		検知		回復（※情報区分*のとき考慮）			
根拠	評価値	根拠	評価値	根拠		
資産価値4の情報は，グループで管理する共用書庫には保管せず，個人が管理する書庫で常時施錠保管している．	—	共用書庫に資産価値4の資料は保管されておらず，個人書庫にしか保管されていないため，本項目は評価不要とする．	—	共用書庫に資産価値4の資料は保管されておらず，個人書庫にしか保管されていないため，本項目は評価不要とする．		
資産価値4の情報は，個人が管理する書庫で常時施錠保管している．退社時，離席時はクリアデスクが実施されている．	4	資産価値4の資料は情報資産目録を作成し，四半期に1度現物との確認を実施している．利用頻度から考慮し十分機能する頻度である．	3	情報区分に"*"が付与された資産は，複製を分散保管しており，紛失・破壊時は速やかに復旧できる．		
会議室に資料を放置することを禁止し，ホワイトボードも使用後は速やかに消すルールを徹底している．	3	会議主催者等が会議終了後，置き忘れ等がないことを確認している．	3	情報区分に"*"が付与された資産は，複製を分散保管しており，紛失・破壊時は速やかに復旧できる．		
資産価値4の情報は，個人が保管・管理しており，会議室等の共用パソコン上で利用することはない．	—	会議室等の共用パソコン上に，資産価値4の情報は保管されていない．	—	会議室等の共用パソコン上に，資産価値4の情報は保管されていない．		
廃棄資料からの盗み見ができないよう，各担当にシュレッダを導入し，裁断後に廃棄するルールが徹底されている．いっぱいになったゴミ袋は業者が回収するまで管理区画内で保管している．	4	裁断後のゴミ袋は機密保持契約を締結している業者が回収しており，それ以外の第三者がゴミ袋を持ち出そうとしたり，居室内で断片を貼り合わせて再生しようとしていれば，フロア内の社員・協働者から容易に検知できる（休日・夜間の場合は「不正侵入」で扱う．）．	—	そもそも廃棄しようとしている資産を回復する必要がないため，本項目は評価不要		
プリンタやコピー機を使用した際は，資料を速やかに回収するルールを定め運用している．FAXの利用は原則禁止されており，やむを得ず使用する場合は管理職の許可のもと，誤送信防止装置を利用する．	4	FAX，コピー機はオフィス内に設置されており，社員・協働者の定期的な往来があるため，事実上，放置があれば検知できる．	3	情報区分に"*"が付与された資産は，複製を分散保管しており，紛失・破壊時は速やかに復旧できる．		

3. ISMSの本質化・効率化に向けて

項番	資産価値	事象		結果の評価値	必要レベル(抑,検,回)	主要な既存対策	評価値
		どこで	どうする				
1-10	4	オフィス，マシン室（OAネットワーク環境）	機器の盗難・紛失，破壊による情報の漏洩，破壊（使用中，未使用，廃棄予定を問わず．HDDを取り外してHDDのみ盗難する場合も含む．ミスで機器の所在がわからなくなる等も含む）	6	(4,4,3)		5
1-11	4	オフィス，マシン室（OAネットワーク環境）	機器の故障による情報の破壊，あるいは情報（サーバー）へのアクセス不可	3	(3,3,3)		3

資料　改善後のリスクアセスメントシート

対策の評価結果							新規に実施する対策（リスク対応計画）
抑止・予防		検　知		回復（※情報区分*のとき考慮）		
根　拠	評価値	根　拠	評価値	根　拠		
資産価値4の情報は，暗号化して保存しているため，仮に盗難にあっても，容易に読み出せない．各機器は管理者を定め，サーバー等はサーバー室に設置して管理している．廃棄予定あるいは，利用者のいなくなったパソコン・サーバー等は，HDDを完全消去するか，又は物理破壊し，保存されていた情報が読み出せないようにしている．外部へのパソコン・サーバー等持出しについて，管理手順を定め，持出管理を実施．	4	機器すべてについて管理者を定め，管理している．また，居室，サーバー室とも社員・協働者が日常的に利用しているため，破壊・盗難が発生すれば気づく．	4	データが消失した場合，バックアップテープを用いて前日までの状態には復旧可能である．			
経年劣化による自然故障等に備え，個人パソコン及び共用サーバー，ネットワーク機器等について，定期的に交換している．	3	障害発生時は，パソコン，サーバー，ネットワークが利用できなくなる等により，検知される．その場合，緊急時連絡ルートに従い，関係者に速やかに報告される．	4	データが消失した場合，バックアップテープを用いて前日までの状態には復旧可能である．また，ファイルサーバー，ドメインコントローラ等主要なサーバーは構成上，物理的に1台のサーバーが故障しても，別のサーバー上で稼働可能である．ルータ，スイッチ等ネットワーク機器は必要な箇所は二重化している．二重化されていない部分についても代替機を保有している．			

3. ISMSの本質化・効率化に向けて

項番	資産価値	事象		結果の評価値	必要レベル (抑,検,回)	主要な既存対策	評価値
		どこで	どうする				
1-12	4	オフィス，マシン室（OAネットワーク環境）	一般ユーザ権限の不正利用・操作ミスによる情報の漏洩，破壊（他人のID・パスワードでログインする，不正なファイル操作，外部ネットワークへの送信，外部媒体への書き出し，離席時の悪用，画面の覗き見等を含む）	6	(4,4,3)		2
1-13	4	オフィス，マシン室（OAネットワーク環境）	特権の不正利用・操作ミスによる情報の漏洩，破壊（他人のID・パスワードでログインする，不正なファイル操作，外部ネットワークへの送信，外部媒体への書き出し，離席時の悪用，画面の覗き見等を含む）	9	(4,4,3)		4
1-14	4	オフィス，マシン室（OAネットワーク環境）	内部ネットワーク上での盗聴，改ざん（盗聴目的での無断の機器増設等を含む）	6	(4,4,3)		5

資料　改善後のリスクアセスメントシート

対策の評価結果						新規に実施する対策 (リスク対応計画)
抑止・予防 根拠	評価値	検知 評価値	根拠	回復 (※情報区分*のとき考慮) 評価値	根拠	
資産価値4の情報は，ファイルに対してパスワード保護をしている．【エ】使用されなくなったアカウントについて，申請忘れがあった場合は，残り続け，不正利用される可能性がある．端末操作が一定時間ない場合，スクリーンをロックするよう設定している．ログインアカウントのパスワードは，一定の複雑性を満たし，かつ，定期的に変更する設定を実施している．制御ソフトで，パソコンから無許可で媒体に情報を書き出すことを禁止している．利用者に対するアカウント管理ルールを定め，教育を実施している．	4	4	共有ファイルサーバー上の操作ログを取得し，ログへのアクセス権を運営組織に限定．このログは，定期的に監査を行い，不審な操作がないことを確認している．	4	データが消失した場合，バックアップテープを用いて前日までの状態には復旧可能である．	5日間運用がなかったアカウントは，自動削除するというルールの導入
特権付与者は必要最小限に限り，特権管理の重要性及び，特権操作手順について教育を実施している．	1	4	各サーバーで操作ログを取得．【オ】特権保有者はログへのアクセス権限保有者のため，操作ログを自由に改ざんできる．	4	データが消失した場合，バックアップテープを用いて前日までの状態には復旧可能である．	費用対効果を踏まえ，受容する．
盗聴防止のため，暗号化して送信するルールを定めている．機器の無断接続は禁止されており，ソフトウェアも業務用途のもののみインストールするルールを定めている．	1	1	内部ネットワーク上で盗聴を検知することはできない．改ざんは，電子署名等を用いることにより検知できるが，特にルール化はされていない．	4	盗聴の回復策については評価しない．改ざんの場合（送信データが壊れていた場合），送信元から再送することにより復旧できる．	盗聴については有効な対策がないため，受容する．改ざんについては，費用対効果を踏まえ，受容する．

項番	資産価値	事象 どこで	事象 どうする	結果の評価値	必要レベル (抑,検,回)	主要な既存対策	評価値
1-15	4	オフィス，マシン室（OAネットワーク環境）	端末・サーバーのウイルス感染による情報の漏洩，破壊（ソフトウェアのバグ，業務に不要なソフトウェアのインストールに起因するものも含む）	9	(4,4,3)		5
1-16	4	オフィス，マシン室（OAネットワーク環境）	外部ネットワークからの攻撃による情報の漏洩，破壊 [備考] 外部ネットワーク＝インターネット，攻撃＝侵入行為，サービス妨害等	6	(4,4,3)		3
1-17	4	外出先，自宅等	紙の紛失による情報漏洩 [備考] 居室内で落とすこともあるが，紛失後悪用される可能性の点から居室外の事象に分類する．	6	(4,4,3)		4
1-18	4	外出先，自宅等	携帯電話の紛失による情報漏洩 [備考] 居室内で落とすこともあるが，紛失後悪用される可能性の点から居室外の事象に分類する．また携帯電話の中で資産価値4に相当するのは，特定機微なメール内容や，特定機微な個人の連絡先等とする．	6	(4,4,3)		4

資料　改善後のリスクアセスメントシート

対策の評価結果							新規に実施する対策（リスク対応計画）
抑止・予防		評価値	検　知	評価値	回復（※情報区分*のとき考慮）		
根　拠			根　拠		根　拠		
サーバー，パソコンのOSパッチについては，自動配信されている．ウイルス対策ソフトを導入し，リアルタイムスキャンを設定している．パターンファイルも定期的に更新し，フルスキャンも週1回以上実施している．		4	ウイルス対策ソフトにより，ほぼリアルタイムに検知可能である．	4	ウイルス検知，感染時の復旧手順を定め実施している．		
ファイアウォールの設置，ユーザ認証を実施している． 【カ】資産価値4の情報はファイル単位でパスワード保護し個人単位でアクセス制御を実施している．ただしメールに添付する形で送付する際，パスワードを別のメールで送信する場合が多い．外部から盗聴されている場合，同じ経路で別送しても効果が薄い．		4	監視を行っており，ネットワークレスポンスが遅くなる等により検知できる．定期的にファイアウォールとサーバー機器のログのチェックを実施している．	4	データが消失した場合，バックアップテープを用いて前日までの状態には復旧可能である．			安全なメール送信について教育実施
書類の持出しについては業務上必要最低限とし，十分に注意するよう教育を実施しており，定期的な点検・監査でも不正持出しは検出されていない．		4	常時携行していることから，盗難・紛失発生時は，携行者本人が気づく可能性が高く，その場合は緊急時連絡ルートに従い，速やかに関係者に報告される．	3	情報区分に"*"が付与された資産は，複製を分散保管しており，紛失・破損時は速やかに復旧できる．		
携帯電話は業務上必要最低限の者に限り使用を許可し，端末を貸与している．携帯電話は常時ロックを必須としている．遠隔ロック機能を有する携帯を選定し，盗難・紛失発生時は速やかに遠隔ロックが実施できるよう教育・訓練を実施している．		4	常時携行していることから，盗難・紛失発生時は，携行者本人が気づく可能性が高く，その場合は緊急時連絡ルートに従い，速やかに関係者に報告される．	―	携帯電話に保存されているデータは，アドレス帳，メール，発着信履歴等である．メール，発着履歴等は速やかに削除するルールとなっており，回復策が要求されるデータに相当しないため，携帯電話に保存されているデータについては評価不要とする．		

3. ISMSの本質化・効率化に向けて

項番	資産価値	事象		結果の評価値	必要レベル (抑,検,回)	主要な既存対策	評価値
		どこで	どうする				
1-19	4	外出先, 自宅等	記録媒体の紛失による情報漏洩 (USBメモリ, DAT, MO, FD, ノートパソコン等) ［備考］居室内で落とすこともあるが, 紛失後悪用される可能性の点から居室外の事象に分類する. 紙, 携帯電話に比べ, 用途が多岐に渡り, 大容量の情報が運べる.	9	(4,4,3)		4
1-20	4	外出先, 自宅等	端末の不正利用・操作ミスによる情報の漏洩, 破壊 (離席時の悪用, 画面の覗き見等を含む)	4	(3,3,3)		3
1-21	4	外出先, 自宅等	外部ネットワーク上での盗聴, 改ざん	4	(3,3,3)		3
1-22	4	外出先, 自宅等	SNS等外部サービスへの軽率な情報公開	6	(4,4,3)		3
1-23	4	外出先, 自宅等	会話が盗み聞きされる ［備考］エレベータホール, 電車, レストラン, 喫茶店などを想定	6	(4,4,3)		4

資料　改善後のリスクアセスメントシート

対策の評価結果						新規に実施する対策 (リスク対応計画)
抑止・予防		検知		回復 (※情報区分*のとき考慮)		
根　拠	評価値	根　拠	評価値	根　拠		
記録媒体による情報の持出しは，業務上やむを得ない場合に限定し，管理者の許可を得て，記録媒体利用管理簿に記録のうえ，利用する．記録媒体に情報を格納する際は暗号化を実施する．搬送時は盗難や紛失に注意し，肌身離さず携行する運用ルールを徹底．記録媒体の管理状況について自主点検，監査を実施している．	4	常時携帯していることから，盗難・紛失発生時は，携行者本人が気づく可能性が高く，その場合は緊急時連絡ルートに従い，速やかに関係者に報告される．	3	情報区分に"*"が付与された資産は，複製を分散保管しており，紛失・破壊時は速やかに復旧できる．		
外出先，自宅等で使用する端末は，シンクライアント化．また，作業環境の安全確認（覗き見されやすい場所で作業しない等），端末の放置禁止ルール等を定め，実施している．	4	共用ファイルサーバー上の操作ログを取得し，ログへのアクセス権を運営組織に限定．このログは，定期的に監査を行い，不審な操作がないことを確認している．	4	データが消失した場合，バックアップテープを用いて前日までの状態には復旧可能である．		
盗聴防止のため，暗号化して送信するルールを定めている．暗号化により，特定箇所をねらっての改ざんは困難と推測される．	1	**外部ネットワーク上での盗聴は検知できない．改ざんは，電子署名等を用いることにより検知できるが，特にルール化はされていない．**	4	盗聴の回復策については評価しない．改ざんの場合（送信データが壊れていた場合），送信元から再送することにより復旧できる．	盗聴については有効な対策がないため，受容する．改ざんについては，費用対効果を踏まえ，受容する．	
社内ネットワークからSNSへのアクセスは技術的に禁止している．ただし，**私物PCやスマートフォン等からSNSへの不用意な投稿は防ぎきれない．**	4	自動検出ツールで，社名，商品名等特定キーワードを巡回検索するツールを導入している．		資産の損失ではないため評価不要	社員に対して再教育を実施する．	
実際，外部での個々人の行動を監視できてはいないが，ルールの重要性については教育等で徹底しており，日常行動として定着している．	1	盗み聞きされたことの検知は困難である．		人の記憶に関する回復は評価不要	[検知] 有効な対策がないため，受容する．	

3. ISMSの本質化・効率化に向けて

項番	資産価値	事象		結果の評価値	必要レベル (抑,検,回)	主要な既存対策	評価値
		どこで	どうする				
2-1	3	オフィス	不正侵入（不正侵入による盗難・紛失・破壊を含む）	4	(3,3,3)	下記以外は資産価値4と同 ■情報取扱時の対策 【保管】 担当書庫にて管理 【流通・利用】 許可のない二次開示は禁止 ［い］ISMS記録に関しては記録管理台帳を作成し，所定のフォルダに格納．棚卸を定期的に実施．メール添付時にはパスワード付与 【廃棄】 シュレッダ又は溶解処理用の書類回収ケースで廃棄	
2-2	3	オフィス	天災，第三者提供サービスの障害等による業務中断（ライフラインの停止，ビル・居室の損壊，高速LAN接続サービスの障害を含む）	3	(3,2,2)		
2-3	3	オフィス	会話が盗み聞きされる ［備考］居室や業務実施エリアであるため，会話を禁止することはできない	6	(3,3,3)		
2-4	3	（グループ，担当単位で管理する）共用書庫	保管物の盗難・紛失，破壊（ミスで持ち出す，捨ててしまう等も含む）	6	(3,3,3)		4
2-5	3	個人卓・書庫	保管物の盗難・紛失，破壊（ミスで持ち出す，捨ててしまう等も含む）	6	(3,3,3)		3
2-6	3	会議室	放置された資料の盗難（放置にはホワイトボードの板書も含む）	4	(3,3,3)		

資料　改善後のリスクアセスメントシート

対策の評価結果							新規に
抑止・予防		検知		回復（※情報区分*のとき考慮）		実施する対策
根　拠	評価値	根　拠	評価値	根　拠		（リスク対応計画）
資産価値3の情報は，整理整頓し書庫に保管，必要時以外は扉を閉めている．退社時，離席時はクリアデスクが実施されている．	2	当組織が原本保管の責任をもつ情報については対象が明確に特定され情報資産目録に掲載し，四半期に一度，棚卸を実施している（評価4相当）が，**目録管理の対象外としている資料について，有効な検知策はないため，全体としての評価は2とする．**				費用対効果を踏まえ，受容する．
資料は整理整頓し書庫に保管．退社時，離席時はクリアデスクが実施されている．	2	当組織が原本保管の責任をもつ情報については対象が明確に特定され情報資産目録に掲載し，四半期に一度，棚卸を実施している（評価4相当）が，**目録管理の対象外としている資料について，有効な検知策はないため，全体としての評価は2とする．**				費用対効果を踏まえ，受容する．

3. ISMSの本質化・効率化に向けて

項番	資産価値	事象 どこで	事象 どうする	結果の評価値	必要レベル (抑,検,回)	主要な既存対策	評価値
2-7	3	会議室	端末の盗難，破壊による情報の漏洩，破壊	4	(3,3,3)		4
2-8	3	ごみ箱，溶解処理用の書類回収ケース	ごみ箱，溶解処理用の書類回収ケースからの盗難	4	(3,3,3)		4
2-9	3	FAX，コピー機，プリンタ	FAX，コピー機，プリンタに置かれた資料の盗難・紛失（FAXを用いた外部ネットワークへの誤送信も含む）	6	(3,3,3)		2

資料　改善後のリスクアセスメントシート

対策の評価結果						新規に実施する対策 (リスク対応計画)
抑止・予防		検知		回復（※情報区分*のとき考慮）		
根拠	評価値	根拠	評価値	根拠		
共用パソコンのHDDは原則利用せず，ファイルサーバ上のファイルにアクセスすることにしている．共用パソコンのローカルHDDを利用した場合は，会議終了後は，利用者各自で情報を速やかに削除あるいは移動している．	4	共用パソコンの管理者を定め，管理している．また，会議室は社員・協働者が日常的に利用しているため，破壊・盗難が発生すれば気づく．	5	会議時に使用されるデータは，ファイルサーバ上のファイルのコピーであるため復旧可能である．		
各担当に溶解処理用の書類回収ケースを導入し，廃棄資料からの盗み見ができないようにしている．溶解処理用の書類回収ケースの中身は業者が回収し，廃棄する．当該業者とは機密保持契約を締結している．また，溶解処理用の書類回収ケースがいっぱいになった場合は，シュレッダで廃棄するルールを定めている．	4	溶解処理用の書類回収ケースから資料を取り出すには，ボックス鍵ないしボックスそのものを壊す必要があり，オフィス内でそのような行為が行われていればフロア内の社員・協働者から容易に検知できる（休日・夜間の場合は"不正侵入"で扱う．）．				
【キ】プリンタやコピー機を使用した際は，資料を速やかに回収するルールを定め運用しているが，資産価値3は情報及び取扱者が多数であり，置き忘れが見受けられる． FAXの利用は原則禁止されており，やむを得ず使用する場合は管理職の許可のもと，誤送信防止装置を利用する．						認証プリンタの導入

3. ISMSの本質化・効率化に向けて

項番	資産価値	事象		結果の評価値	必要レベル(抑,検,回)	主要な既存対策	評価値
		どこで	どうする				
2-10	3	オフィス，マシン室（OAネットワーク環境）	機器の盗難・紛失，破壊による情報の漏洩，破壊（使用中，未使用，廃棄予定を問わず．HDDを取り外してHDDのみ盗難する場合も含む．ミスで機器の所在がわからなくなる等も含む）	6	(3,3,3)		4
2-11	3	オフィス，マシン室（OAネットワーク環境）	機器の故障による情報の破壊，あるいは情報（サーバー）へのアクセス不可	3	(3,2,2)		
2-12	3	オフィス，マシン室（OAネットワーク環境）	一般ユーザ権限の不正利用・操作ミスによる情報の漏洩，破壊（他人のID・パスワードでログインする，不正なファイル操作，外部ネットワークへの送信，外部媒体への書き出し，離席時の悪用，画面の覗き見等を含む）	6	(3,3,3)		
2-13	3	オフィス，マシン室（OAネットワーク環境）	特権の不正利用・操作ミスによる情報の漏洩，破壊（他人のID・パスワードでログインする，不正なファイル操作，外部ネットワークへの送信，外部媒体への書き出し，離席時の悪用，画面の覗き見等を含む）	9	(4,4,3)		

資料　改善後のリスクアセスメントシート

対策の評価結果							新規に 実施する対策 (リスク対応計画)
抑止・予防		検　知		回復（※情報区分*のとき考慮）		
根　　拠	評価値	根　　拠	評価値	根　　拠		
各機器は管理者を定め，サーバー等はサーバー室に設置して管理している． 廃棄予定あるいは，利用者のいなくなったパソコン・サーバー等は，HDDを完全消去するか，又は物理破壊し，保存されていた情報が読み出せないようにしている． 外部へのパソコン持出しについて，管理手順を定め，持出管理を実施．						

3. ISMS の本質化・効率化に向けて

項番	資産価値	事象		結果の評価値	必要レベル (抑, 検, 回)	主要な既存対策	評価値
		どこで	どうする				
2-14	3	オフィス，マシン室（OAネットワーク環境）	内部ネットワーク上での盗聴，改ざん（盗聴目的での無断の機器増設等を含む）	6	(3,3,3)		3
2-15	3	オフィス，マシン室（OAネットワーク環境）	端末・サーバーのウイルス感染による情報の漏洩，破壊（ソフトウェアのバグ，業務に不要なソフトウェアのインストールに起因するものも含む）	9	(4,4,3)		
2-16	3	オフィス，マシン室（OAネットワーク環境）	外部ネットワークからの攻撃による情報の漏洩，破壊 ［備考］外部ネットワーク＝インターネット，攻撃＝侵入行為，サービス妨害等	6	(3,3,3)		
2-17	3	外出先，自宅等	紙の紛失による情報漏洩 ［備考］居室内で落とすこともあるが，紛失後悪用される可能性の点から居室外の事象に分類する．	6	(3,3,3)		
2-18	3	外出先，自宅等	携帯電話の紛失による情報漏洩 ［備考］居室内で落とすこともあるが，紛失後悪用される可能性の点から居室外の事象に分類する．また携帯電話の中で資産価値4に相当するのは，特定機微なメール内容や，特定機微な個人の連絡先等とする．	6	(3,3,3)		

資料　改善後のリスクアセスメントシート

対策の評価結果							新規に実施する対策 (リスク対応計画)
抑止・予防		評価値	検知	評価値	回復（※情報区分*のとき考慮）		
根　拠			根　拠		根　拠		
暗号化等の対策は必須としていないが，実態として，機密性の高い情報を保存しているファイルには読み取りパスワードをつける等の対応を実施している．機器の無断接続は禁止されており，ソフトウェアも業務用途のもののみインストールするルールを定めている．							

項番	資産価値	事象		結果の評価値	必要レベル (抑,検,回)	主要な既存対策	評価値
		どこで	どうする				
2-19	3	外出先, 自宅等	記録媒体の紛失による情報漏洩（USBメモリ, DAT, MO, FD, ノートパソコン等） ［備考］居室内で落とすこともあるが, 紛失後悪用される可能性の点から居室外の事象に分類する. 紙, 携帯電話に比べ, 用途が多岐に渡り, 大容量の情報が運べる.	9	(4,4,3)		
2-20	3	外出先, 自宅等	端末の不正利用・操作ミスによる情報の漏洩, 破壊（離席時の悪用, 画面の覗き見等を含む）	4	(3,3,3)		
2-21	3	外出先, 自宅等	外部ネットワーク上での盗聴, 改ざん	4	(3,3,3)		
2-22	3	外出先, 自宅等	SNS等外部サービスへの軽率な情報公開	6	(3,3,3)		
2-23	3	外出先, 自宅等	会話が盗み聞きされる ［備考］エレベータホール, 電車, レストラン, 喫茶店などを想定	6	(3,3,3)		
3	2						
4	1						

資料　改善後のリスクアセスメントシート

対策の評価結果						新規に実施する対策（リスク対応計画）
抑止・予防		検　知		回復（※情報区分*のとき考慮）		
根　拠	評価値	根　拠	評価値	根　拠	
既存対策が同じだが，資産価値が下がり必要レベルが緩くなっているため，上記評価以上にリスクが検出されることはなく省略できる．						

4. 工 夫 点

本章では，私たちの経験を活かした具体的なケースを中心にISMS活動のいくつかの問題点について指摘し，解決方法の例を紹介する．ケースは，読者各位に共感をもっていただくために創作したフィクションではあるが，当事業部内の実話を基にしている．

4.1 ルールの理解・浸透のためにマニュアルをどう活用するか

4.1.1 ケース

情報セキュリティ委員のあなたは，ある日A社員からマニュアルを読んでもルールがどうなっているか理解できないという問合せを受けた．
　具体的には，"月曜の朝に，他拠点で会議を行うが，直接自宅からそちらへ出向いたほうが早いため直出したい．そのため，金曜の夜に関連資料を自宅へ持ち帰りたいけれどもよいか"という内容のものだった．
　マニュアルの該当部分には
　　"業務関連の資料の持ち帰りは原則禁止とするが，お客様先や当社他拠点に立ち寄り，直帰する場合には上司の承認を得た場合に限り資料の持ち帰りを許可する．自宅から直接出社する場合の前日の帰宅時も同様とする．"
とあった．A社員は，"前日"という部分を指し，土日を挟む場合もこのように解釈してよいか，と確認してきたのである．あなたは，そんな細かなことを気にしなくても"前日"は"前の営業日"とみなせるため問題ないと思ったが，念のため先輩に確認したところ，先輩の答えは意外

なものだった．先輩は"一泊ならばいいけど，金土日は三泊だからなあ．しかも，土日はAさんが外出するなどして，Aさん宅が無人になる可能性があるよね．だから，NGだね．"と答えた．この回答をAさんに伝えたが，別に週末に出かける予定はないと納得しきれない様子だった．Aさんは，"そういうことがあるならばしっかりマニュアルに書いておいてくれ"と要望したため，のちにマニュアルの当該部分に，"ただし一泊の場合に限られる．"との一文が追記された．それから数週間後，今度は別の社員が，今度二泊三日の出張に行くのに資料をホテルに持ち帰れないのはおかしいではないか，と問い合わせてきた．

4.1.2　問題点の指摘

　マニュアルが読みにくくなる理由の一つとして，セキュリティ推進活動が長年にわたり，是正や改善に関する作業が多く実施されることで，追記が繰り返され，複雑になるということがある．"△△は禁止する"とシンプルに表現されていたものに，"原則△△だが，……の場合は，××とする"というように条件の付加が必要になるというケースである．さらに，"このような場合はどうするのか．マニュアルにしっかり書かれていないじゃないか"という声など様々な関係者の意見に耳を傾けるうちに，"原則△△だが，……の場合は××．ただし，□□する．"など，いろいろな条件が付加されることで，何をしたいルールかとらえづらくなっていくことがある．

　確かに，様々な活動の経緯を記録し，網羅的に表現することは，正確な表現のマニュアルを作成するにあたって重要である．そのため，ありとあらゆる内容を文書化したほうがよいのではないかと考えてしまいがちになる．

　しかし，マニュアルがすべての条件を網羅しなくてはならないというのは先入観であると思う．そもそもマニュアルは何のために存在するのか．それは，読み手がルールを理解し，一定の適切な行動がとられるようにするためであると思う．したがって，まず読めることが重要であり，読み手が，読みにくい又は読んでも理解できない，という状況は，本末転倒であり，最も避けなければ

ならない事態といえる．それではどのように考えるべきかについて，以下に述べる．

4.1.3 考え方
　読み手が一定の適切な行動をとるためには何が必要だろうか．社員が日々の業務で直面する状況は様々なので，何をすべきなのかという目的の共有と，どこまではしてはいけないかという禁止範囲の認識があっていれば，箸の上げ下ろしまで規定することは過剰といえる．むしろ，個々のケースは様々なので，目的の共有と，禁止の範囲を決め，あとは各自の判断で対応させるほうが，思考停止にならずリスクの発生を低くできるのではないだろうか．もちろん，細かなオペレーションまで規定すべき内容も多くあるが，一部には弾力的に運用し，社員の状況判断にゆだねたほうが，総合的にリスクをバランスよく抑えることができることがある．

　中には"条件を網羅し，質の高い文書を残すことは必要である．人の記憶や主観に依存しないようにし，しっかりした文書にすることが，マネジメントシステムとして根幹をなす重要な要素である"と考える方がおられるかもしれない．しかし，この考え方は，"忘れたときのための備え"という未来の不確実なリスクを心配するあまり，"理解しづらい"という，より確実な現在のリスクを増加させてしまっている例である．もちろん，様々な条件により，どこまで詳細に記述すべきかという妥当性は変わると思う．重要なことは，書くことがいいのか，書かないことがいいのかという次元ではなく，組織の構成員が適切な行動をとることを助けるものでなくてはならないということである．したがって，新入社員，中堅社員，経営者など経験年数や，実施している業務，立場によって，規定すべき内容や記述の詳細度は異なるかもしれない．加えて，個別ケースに応じた対応や例外処理については，マニュアルだけでカバーしようと考えず，教育や訓練，その他の日常的な指導・啓蒙活動などを併用することでフォローしていくという考え方も採用すべきであるだろう．

　では，私たちがどのような解決方法をとったかを紹介する．

4.1.4 解決方法の例

私たちは,読み手に配慮し,読みやすくするという工夫として,何冊もあったマニュアルを読者対象別に5冊に統合したうえで,重複表現や現実的でないルールを削減していった.

ISMS導入当初,今よりも複雑にマニュアルが分かれていた理由は,社内で先行してISMS認証を取得していた別組織の雛形をそのまま踏襲したからということになるが,ISMSの一般的なガイドに従い,ポリシー,スタンダード,プロシージャーというピラミッド型の文書体系を忠実に実現することが必要だと考えていた点も大きい.また,目的別にマニュアルを分けることで規格との対応を明確にでき,わかりやすくなるとも考えていた.しかし,それは推進側にとっての視点であり,読み手にとってのメリットは特になかった.そこで,私たちの組織としては,結果的に,すべての社員が各職場で順守すべき内容を記載したルールブックをオフィスマニュアルとし,運営組織などPDCAサイクルを推進する役割の者が参照すべき手続きを記載したものを運営マニュアルとして,メインはこの2冊に集約した.実際は,この2冊に加え,基本方針を記載した文書と,適用宣言書,及びOA管理を行うチームが参照する手順書があるが,一般社員が日々の活動の中で使用する文書と,運営する側の社員が使用する文書は1冊ずつとすることで,シンプルな文書体系とすることができた.このことで,読む側は,"この1冊のどこかにルールが書かれているはずだ"と確信をもって文書を参照することができるようになった.また,記述する側も細部まで目が行き届くようになり,マニュアルAの修正によりマニュアルBの修正も必要になるといったような関係性のチェックもほとんど不要になった.さらに,対象読者の定義や,関連文書の定義などは1か所に集約できるようになったことで,重複や矛盾の削除等管理の負担感も低減することができた.

なお,この統合・改訂作業で,重複記述の排除と同時に重視した大きなポイントは二つある.一つ目は,リスクアセスメントに基づいて,意味のないルールや現実的でないルールを徹底的に排除すること.二つ目は,リスクアセスメ

4.1 ルールの理解・浸透のためにマニュアルをどう活用するか

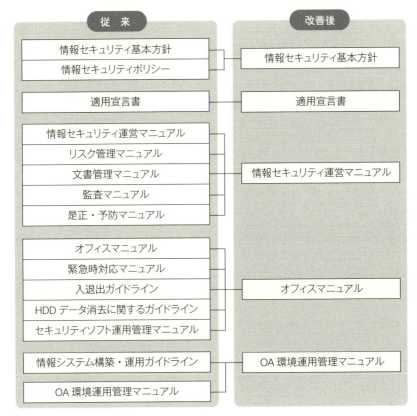

図4.1 書籍の体系の変化

ントで明らかにしたルールとリスクの対応に基づき，ルールの背景や実施したい内容について読み手が理解できるような書き方に改めることである．特に二つ目については，ルールとはどうあるべきかについて検討を行い，一部ルールについて"このとおりにせよ"ではなく，"これをしてはいけない"という記述に変え，社員がその場の状況に合わせて判断し，行動する余地を残すことにした．これは，社員に対し行動レベルで強制することで，思考停止に陥ることを防ぎ，社員がその時々でリスクを低減するためにどのように行動するべきか考える力を身につけさせる効果をねらったものである．以下に具体的な例を示す．

現場において"文書"は絶対に必要か

　読みやすさ，手に取りやすさを重視し，形式にこだわりすぎないという点は，現場目線で考えたときに大きな意味をもつ．例えば，担当やチーム単位で独自のルールを設定するケースはよくあるが，私たちは，この実現方法を文書化という方法に限定せず，メールや会議での周知（メールの文面や会議資料）など，現場になじみやすい方法とすることを許容している．

　数年前までは"そういった場合は，プロシージャーとして，担当版マニュアルを作成するように"と指示していたのだが，現実には，作成した担当版マニュアルが利用されていなかったり，運用の実態と不整合を生じているような状況が続いていたりするケースが見られたからである．その原因は，"誰から見ても誤解のないような正確で網羅的なマニュアルを作らなければいけない"という意識のもと，作成に時間がかかりすぎてしまい，ルールの運用開始を先行せざるを得なかったり，日常のコミュニケーションにより関係者間で十分にルールの共有がなされたりし，従来型のマニュアルが適さなかったということが背景にある．このような状況の中で，形式を重視してマニュアルを後づけで作成することは，手間のわりにやる意味が薄い活動そのものである．当然，ルールを明文化すること，また明文化することでルールの質を高めることは重要だが，文書化するという手段を目的化しないことが肝要である．私たちの考案したリスクアセスメント方法における対策の評価基準では，文書化の有無にかかわらず，確実度の評価として"過去の実績や，日常業務の中で実施が確認できる"状態を高く，時間の経過とともに何らかの理由で"実施されていない（ルールが共有されていない）"状態を低く評価する．ルールや文書の有無ではなく，実際の行動状況から問題点を評価し，真に文書化が必要なもののみ文書化するアクションを実施している．また文書だけでなく，必要に応じてチェックリストや定期的な検査を実施するなどをしてリスク対応を実施している．"ないよりあったほうがいい"という漠然とした根拠ではなく"このルールの文書化は必要か"という問いをもち，リスクアセスメントの基準に照らし実情にあわせて対応していくことは，本質化・効率化のために重要な視点である．

`column`

4.1 ルールの理解・浸透のためにマニュアルをどう活用するか

【例1】

改善前

　セキュリティ区画外への情報の持出しは原則禁止である．業務上の必要から機密情報を他ビルやお客様拠点に持ち出す場合には，各担当の管理者にメールで申請し，許可を得てからにすること．お客様先や当社他拠点に立ち寄り，直帰する場合には，上司の承認を得た場合に限り資料の持ち帰りを許可する．自宅から直接出社する場合の前日の帰宅時も同様とする．ただし一泊の場合に限られるため，出張等の場合は事前に運営組織に相談すること．なお，頻繁に情報を持ち出す必要がある場合には情報の種類及び持ち出し先を限定し各担当の管理者に包括して事前許可を取ることができる．

改善後

　セキュリティ区画外への情報の持出しは原則禁止である．業務上の必要から機密情報を他ビルやお客様拠点に持ち出す必要がある場合においても，事前送付し先方に準備を依頼するなどして，持ち出す情報は最小限に絞り，極力情報を持ち歩かないこと．また，直出・直帰などのため一時的に自宅へ持ち帰る場合も同様とし，自宅での保管場所には厳重に注意すること．

　これは，持出し時に関する記述を伝わりやすいものにし，現実的な管理に改善するための改訂である．また，ルールの設定について，とるべき行動を確定せずケースに合わせて担当者が臨機応変に判断して実施できるようなルール設定をする工夫を取り入れている．

【例2】

改善前

　情報区分Sの電子データを，社内ネットワークを通じて送信する際は，パスワードで保護すること．

改善後

　情報区分Sの電子データを，社内ネットワークを通じて送信する際は，パスワードで保護することとし，下表を参考に，誤送信や盗聴等によるリスクが低減される方法を選択する．

- ① 社内のファイル送信システムを使用する．
- ② パスワードで保護しメールに添付する．ただしパスワードはメール以外の方法で伝達する．
- ③ パスワードで保護しメールに添付する．ただしパスワードは別メールで連絡する．

表 4.1　各送信方法の特徴

	①社内のファイル送信システムを使用する．	②パスワードで保護しメールに添付する．パスワードはメール以外の方法で伝達する．	③パスワードで保護しメールに添付する．パスワードは別メールで連絡する．
業務効率	【△】サイトにアクセスし，ダウンロード・アップロードするため，送信者，受信者ともに手間がかかる． 【○】自動でパスワード保護される．	【△】パスワードが文字で残されていないため，あとで読み返す際にパスワードを思い出せないと手間がかかる．	【○】パスワードが文字で残されているため，あとで読み返す際などに手間がかからない．
セキュリティリスクへの対抗	【◎】宛先設定ミスのとき，送信者だけでなく上司が送信の取消し操作ができる． 【○】SSLにより，通信経路が暗号化されている． 【○】ファイルごとにワンタイムパスワードとダウンロードの回数制限が設定される．	【○】宛先設定ミスをしてしまっても，パスワードを書いたメールを送信しないため，不正な閲覧を防ぐことができる． 【○】同一経路でパスワードを送信しないため，通信途中での盗聴対策として有効．	【△】宛先設定ミスをしてしまった場合，パスワードを書いたメールを同じ宛先に送信してしまう可能性が高い． 【△】同一経路でパスワードを送信しているため，通信途中での盗聴対策として弱い．
適しているケース	・機密性の高い情報をやりとりする ・大容量のファイルのやりとり	・長期的なやりとりを特定のメンバー間で行う	・一時的な情報のやりとり，又はやりとりするメンバーが不定
注意		メール以外で，パスワードを共有する方法としては，以下のような生成式を事前合意する方法がある． ("送信した月の最終日曜日の mmdd ＋特定の文字列"，"送信者の電話番号＋特定の文字列" など)	

4.1 ルールの理解・浸透のためにマニュアルをどう活用するか　133

　これらの改訂作業については，私たちの組織では必ず現場に意見照会を事前に行うことにしている．特に，十分な時間をとって，改訂点とその理由について説明し，納得度が低い部分があれば再検討や改訂を取りやめることもある．これは，ルールを開始しても形骸化し，すぐに改訂作業をすることになったり，無理なルールを続けさせようと頑張ることで相互に無駄を発生させたりすることのないようにするためである．意見照会を"改訂前に一応知らせた"というポーズだけで済ませてしまっては，かえって現場の反感を招くだけである．

適用宣言書の自動作成ノウハウ

　文書改訂の際に悩まされるのは適用宣言書のメンテナンスである．特に適用宣言書にその組織の ISMS 文書の項番やページ番号などを参照先として記すことで，要求事項と文書の記述部分の関連をとっている場合は，適用宣言書の採否だけでなく"オフィスマニュアル 35 ページ"等と記してあると思うが，これは各文書を改訂し，項番がずれるたびに修正することになってしまう．この作業は非常に地道で，手間も多くかかり作業負荷が大きい．そこで，改訂に伴い章や節を増減するたびに，適用宣言書の参照ページを書き直す手間を削減する工夫を紹介する．この Word の索引機能の応用により，マニュアルと規格との関係を明確にすることができ，参照すべき箇所が明確になる．

* Microsoft Word 2010 の使用を前提とする．

JIS Q 27001:2014			採否	参照先文書
A.6　情報のセキュリティのための組織			—	—
A.6.1　内部組織			—	—
A.6.1.1		情報セキュリティの役割及び責任	採	情報セキュリティ運営マニュアル（p.12） オフィスマニュアル（p.5）
A.6.1.2		職務の分離	採	情報セキュリティ運営マニュアル（p.13）
A.6.1.3		関係当局との連絡	採	情報セキュリティ運営マニュアル（p.14）

図 4.2　適用宣言書（例）

4. 工夫点

■操作手順

1. マニュアルの参照元としたい項目の見出しを選択する

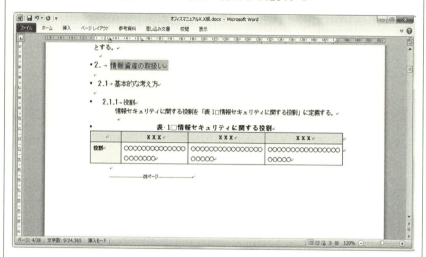

2. Alt + Shift + X キーを押下する
   索引の登録画面が表示される

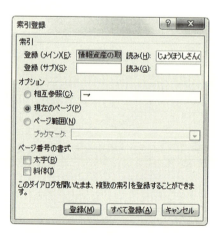

3. ［索引登録］ウィンドウの"登録（メイン）"のボックスにフォーカスが当たっている状態で，Ctrl＋Xで入力値を切り取り，"登録（サブ）"のボックスにCtrl＋Vを押下して貼り付ける．そして，登録（メイン）のボックスに，Aを除いた規格番号を入れる．ただし，8.2.3は，08.2.3というように頭の番号がひと桁の規格番号はゼロを付け足す．最後に，"読み"のボックスの値をメイン枠，サブ枠両方とも削除し，"登録"ボタンを押下する．

索引のフィールドが挿入される

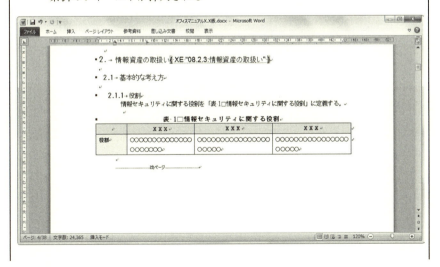

4．1 から 3 を，繰り返す
同一の見出しに対して繰り返すと，索引のフィールドが列挙される．

図の例だと，"2章 情報資産の取扱い"に，A.8.2.3（資産の取扱い），"2.1.1項 役割"に，A.6.1.1（情報セキュリティの役割及び責任），A.8.1.2（資産の管理責任）が関連しているということになる．

5．ページ番号表示のズレを防ぐため編集記号を非表示にする．
［ホーム］タブの"段落"に矢印のボタンが表示されているので，それを押下することで編集記号の表示／非表示を切り替えられる．

6．文書の末尾で，［参考資料］タブ—［索引の挿入］を選択し，索引を以下のように設定し，"OK"ボタンを押下する．
　　ページ番号を右揃えにする：オン
　　タブリーダー：(薄い点線)
　　書式：シンプル
　　段数：2

4.1 ルールの理解・浸透のためにマニュアルをどう活用するか　137

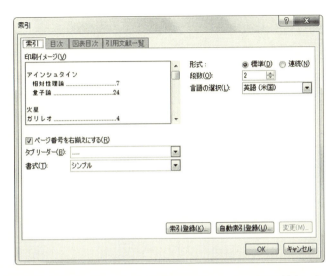

挿入結果は以下のようになり，規格番号別にマニュアル中の見出しとページ番号がグループ化されて表示される．

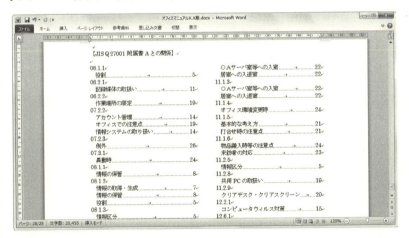

このようにすることで，マニュアルと規格との関係を明確にすることができ，参照すべき箇所とそのページ番号が明確になる．

column

4.2 教育・訓練を実質的にするには

4.2.1 ケース

> 情報セキュリティ委員のあなたは，組織全員を対象にしたISMS教育の講師を務めることになった．対象は全員のため，管理職から協働者も含め全員が出席できる日程を組んで講義形式で開催することにした．教育の内容は，主にISMSの規格の背景と要求事項，及びそれに関する組織内の施策についての説明である．あなたは意気込んで説明を開始したが，始まって10分ほど経ったところで，大半の出席者が居眠りをしていることに気づいた．説明後，特に質問もなかったため，そのまま修了確認テストとアンケートを配り，回収が済んだところで，セキュリティ教育は終了した．あれほど多数の出席者が居眠りしていたのに，問題を簡単にしすぎたのか，採点した結果ほとんどが合格点をとっていた．そのため，教育の結果問題なしとして委員長に報告した．そこで委員長は，"教育の結果はいいんだけど，しかし，最近，管理職に貸出している携帯電話を落とす人が続いているよね．ちゃんと彼らには教育しているの？" と質問してきた．
> どうやら教育の目的やその効果について関係者間で食い違いがあるようである．

4.2.2 問題点の指摘

教育・訓練について，手間をかけるわりには形式的で意味のないものになっているケースは多いと思う．また，何を題材にすればよいのか判断に悩むこともよくある．この問題について，ISMS運営をする側が果たさなければならない責任としては，二つある．

第一に，明確な目的・ビジョンをもって，教育・訓練を企画することである．職務実施のための力量をもたせるためなのか，適切な意識向上のためなのかという目的の違いに留意し，どのような対象に何をするのか明確にする必要

がある．

　第二に，教育を受ける側の心理を考慮しなければならないということである．学校教育と違って，社会人は，人に強制されて教育を受ける経験が少ない．また，自分の昇進や昇給など利害や必要性に関連していない事柄や興味がない事柄にはモチベーションが上がらない．よって，教育を検討する際，受ける側のメリットを考慮し，教育の内容を受ける側のメリットと結びつける工夫が必要となる．動機づけのない強制的な教育や訓練では，やらされ感がぬぐえなくなり，参加者のモチベーションが下がってしまう．なるべくモチベーションを下げないよう，双方向型であるとか，グループワークを取り入れるなどの工夫もあるが，もともと受講者が受講したいという気持ちのない内容だと，やり方や方法の工夫にも限界がある．

　以上より，誰に何を学ばせるか，というビジョンをはっきりともつことと，それぞれのメリットと結びつけるための工夫の双方が必要である．

　では，そのためにどのようにしたらよいだろうか．

4.2.3　考　え　方

　私たちは，"一般社員や協働者には，日常のルールだけでなく，うっかりミスを大事故につなげないための防衛策を教えることが重要で，そのことが受講者側のメリットとなる．"と考えた．

　これは，一般の世の中でも"この交差点では交通事故多発"とか"最近このような詐欺の手法がはやっているので注意"という情報に，関心を示すことと同じである．この情報に気づいていれば，自分が被害にあうことを回避できるという情報は，自分に利するものと考えるため，自ら情報を取得しようと思うのである．これと同じで，メールの宛先を間違えにくくする方法であるとか，社内メールを誤送信してしまったときにメールを取り消すための機能などを知っておけば，うっかりしていても大きなインシデントを起こさないための予防線をはることができるという受け手のメリットに結びつけることができるのである．

ISMS導入当初は，私たちも，ISMS認証制度の概要や，JIS Q 27001の体系など，研修に参加した社員が聞いてきた話をそのまま全社員に展開したような教育を実施していた．その背景には，ISMS活動の理念や取得することの意義を理解させたいという意図があった．しかし，全社員に実施させるものとして，制度に関するものより，職場の各ルールに関することについて理解させるほうが直接的で効果が高いことに気づいた．そこで職場でのルールをまとめたオフィスマニュアルに基づいて，"あなたはこのような場合，どのようにするか"と紙上体験させるように問題を作成し，各人が試験を受けた直後から直接活かせるような教育を実施するようにした．

4.2.4 解決方法の例
以下に，実施したケーススタディの一例を示す．

● ケーススタディ例

> **ケーススタディ　携帯電話の紛失**
>
> 　あなたは会社貸与の携帯電話にお客様の連絡先を30件程度登録しています．12月のとある水曜日，あなたは職場の忘年会に参加しました．あなたは鞄の中に携帯電話をしまっておきました．酔ったあなたは，帰り道の電車でたまたま空いていた席に座ることができました．非常に疲れていたので，あなたは眠り込んでしまいました．
>
> ■論点
> 　どのようなリスクが想定されますか？

このような教育は，どのようにするのがよいか出席者が自分のために考える機会となり，高い効果を上げたが，上記のような教育を1年ほど実施したところで，さらに教育内容については改善を実施した．なぜならば，当時，"ルールを知らなかった"あるいは"ルールを破った"ことで発生したセキュリティ事象は大幅に減少しており，大半はうっかりミスが原因となっていたからで

4.2 教育・訓練を実質的にするには

ある．

　先述のとおり，ミスは意識教育や管理の強化では防ぎきれない．むしろ受講者のリテラシーが一定の水準を超えているような状況で，このような教育を繰り返すことは形骸化を招きかねない．また推進側が，"教えておいたからな"と押しつけるような態度をとることで，教育を受けた担当者へのプレッシャーにしかならなかったりする面がある．そのため，教育コンテンツの視点を，うっかりミスを発生させないよう気づける仕組みや，うっかりしてしまっても実害へつなげないような仕組みの構築に重点を置いたものへと変化させた．さらに，このような背景を踏まえ，日常の業務におけるうっかりミス防止のための工夫点（Tips，チップス）の紹介と，それらTipsの実施方法を習得するための訓練を実施することにした．

　実際に使用した教育コンテンツ（一部抜粋）を例示する．

　この年度は，"重要情報をメールでやりとりする機会が増えている"という業務特性に基づき，メールについて重点的に教育を実施した．

1 はじめに

当事業部のプロジェクトの共通的な特徴として，"**重要情報を含むファイルを添付したメール**"のやりとりが増えているという点が挙げられます．

> メールに関する事故実例（他社）
>
> <u>社内宛メールを誤って，社外に送信</u>．メールには営業会議の議事録，取引先の営業担当者リスト，社内システムの説明書が添付されていた．
>
> <u>お客様に誤ったファイルを送信</u>．見積書を添付するつもりが，営業情報や原価情報［見積価格算定内容，原価，利益率］が記載されたプロジェクト企画書を送信してしまった．
>
> <u>TO/CC/BCC の使い分けミス</u>．ソフトウェアユーザーに対するバージョンアップの周知メールを送ったが，本来 BCC に設定すべきメールアドレスを TO に設定してしまい，当該ソフトウェアを利用しているユーザーに他のユーザーのメールアドレスを知られてしまった．

万が一，セキュリティ事件・事故による情報流出が発生した場合，事業部内での対応にとどまらず，対外公表や報道発表に至るケースも想定しなければなりません．**発生時の一時的な業務中断**だけでなく，**組織・会社単位の影響まで拡大するおそれがある**点も理解しておく必要があります．

2 今回の教育テーマ

今年度の事業部の ISMS 教育では，**メール送受信におけるミスを防ぐための基本動作**を紹介します．自分の日常行動を振り返り，ここで紹介する Tips を役立ててください．

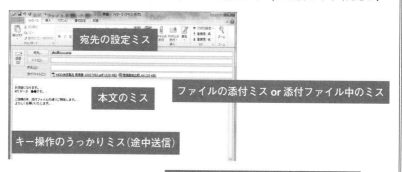

メールの送受信は日常的に行う作業．ミスを防ぐ基本動作を身につけることが重要．

4.2 教育・訓練を実質的にするには 143

3-6 メールに関する基本動作

基本動作6 返信や転送時に宛先を追加する際は，メール本文を末尾まで確認する

追加した宛先に本来開示すべきでない情報は含まれていないでしょうか？ 宛先に含まれる人数が多いほど注意が必要になります．その方の所属や立場等を踏まえ，引用する内容をよく確認しましょう．

宛先追加時の本文チェック事項
① 追加した宛先には開示できない情報が含まれていないか？
② 他から転送されたため，開示の可否を判断できない情報が含まれていないか？（判断できない場合は削除する）

そもそも追加した宛先自体に誤りがないかも確認が必要！
宛先を誤ったまま返信を繰り返すと，情報漏洩がどんどん拡大します．

メール本文

末尾まで確認

引用部分

特に引用部分の内容に注意

3-10 メールに関する基本動作

基本動作10 メールの宛先は一番最後に設定する

タイトルと本文を先に書き，最後に宛先を設定することで，途中送信のミスを防ぎやすくなる．本文をテキストエディタなどで全文書きあげてから，貼り付ける方法もよい．

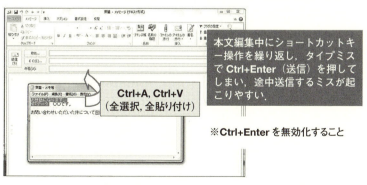

Ctrl+A, Ctrl+V
（全選択，全貼り付け）

本文編集中にショートカットキー操作を繰り返し，タイプミスで **Ctrl+Enter**（送信）を押してしまい，途中送信するミスが起こりやすい．

※**Ctrl+Enter** を無効化すること

> 忙しかったり，疲れているときほど，ミスは起こりやすくなります．
> 正しい基本動作を身につけて，
> 　　　　　　　　　　ミスの発生を少しでも抑えましょう．
>
> 本テキストに関するご指摘，質問，要望等がありましたら，運営組織までお願いします．

その他，以下のような内容について，ルールとTipsの双方で教育を実施した例を表4.2に示す．

表 4.2 教育実施例

ルール	Tips
特定の電子ファイルをネットワーク経由で流通させる場合，暗号化する	種類別電子ファイルの暗号化方法
電子メールを送信する際は，宛先をよく確認する	・宛先設定ミスを防ぐアドレス帳設定（アドレス帳に特定の設定をすることで，事業部外の宛先が入りにくくする工夫） ・初めて使用するアドレスでは，内容のないテストメールを往復させる工夫 ・宛先を間違えてメールを送信してしまった場合のメッセージの取消し方法 ・メールの送信が一定時間後に行われるようなメーラーの設定
業務用携帯電話を利用する際は，常時ロックを有効にする	使用されている機種ごとの設定方法
セキュリティ上危険なウェブサイトにアクセスしない	サイト評価ツールの導入の紹介（サイト評価ツールとは，アクセスする前にサイトの安全性を確認し，安全性のレベルを表示できるツールのこと）

あえて常識を大切にしよう

　唐突ではあるが，職場における記録媒体と私物の財布について，それぞれの管理状況を比べてみよう．

　記録媒体は，空であっても会社の資産として在庫管理され，施錠保管や個数確認などしているのではないだろうか．一方，私物の財布は，施錠保管しているような方は少なく，かばんの中に入れっぱなしであることが多いと思う．しかし，"どちらが大事か"と問われれば，全員が自分の財布のほうが大事だと答えるだろう．このように，感覚として大事なものの管理が薄く，大事でないものの管理が厳重であるような"逆転現象"は，読者の職場には見られないだろうか．

　そもそも私物を会社の資産と比較するのはおかしいという指摘はあると思うが，財布を大事だと認識しやすい例として挙げたのであり，他の例でも構わない．強調したいことは，こういった感覚と管理の重さが逆転している環境の中に長くいると，人間の感覚は麻痺してくるということだ．それは"大事なものを守ること"より，"ルールを守ること"を優先した行動が習慣化するからである．このような習慣の中では，本質から離れたリスク対応策や是正計画を策定しても"おかしい"と感じられなくなり，マネジメントサイクルが形式的になりやすくなる．

　ISMS運用の中で，体系的に確立された基準のもとで物事を評価することは基本だが，あえて"感覚を研ぎ澄ませ，一般的な常識に照らしてみる"というアプローチも大切にしてほしい．その上で違和感のあるところには目を背けずに，なぜ違和感があるのかじっくり向き合うべきである．

column

4.3 気まずい内部監査から脱却するための本質的な視点とは

4.3.1 ケース

　あなたは，情報セキュリティ委員として，例年同様内部監査を計画し，推進することになった．今年から委員となったあなたは，早速，関係者に昨年どのような監査をしていたか，聞きに回った．しかし，なぜかみんな話したがらない．監査に対してどこか否定的である．その中の一人が重い口を開いてくれた．どうやら，昨年の内部監査でちょっとしたトラブルがあったようである．

　それによると，ある監査員が，"1か月前に担当部長が交代したのに，以前の部長の押印がされている担当内マニュアルをそのまま使っている"ことを指摘した．組織内のルールでは担当部長がセキュリティの責任者として，利用するマニュアルは責任者の承認を得ることというルールがあるためである．その他にも，机の上が汚い社員がいる，足元にパソコンのコードが出ているなど，大変多くの指摘があった．この状況について，なぜそうなっているのか，その状態だとどういったリスクが考えられるか，双方で十分確認し合わないまま，その日は解散し，数日後に提出した監査結果報告書にこれらの指摘を記載した．これが被監査側の逆鱗に触れたのである．特に担当内マニュアルの件について，"当担当では担当内で独自にルールを作って，文書化し，情報セキュリティ管理にはかなり力を入れてがんばっている．それなのに，なぜ前部長の印が押してあったらだめなのか．先月着任した部長だって，前の部長の意思を踏襲しているよ"と担当者が監査員に詰め寄ったところ，"前の部長の意思を踏襲しているとしても，ルールはルールですから"と返されてしまった．その後，"もういい，こんなとして何になる，くだらない"と喧嘩別れをしてしまったらしいのである．

　さて，今年の監査はどうしたらよいだろうか．

4.3.2 問題点の指摘

　内部監査を行うと，"そんな些細な不備を突いてどうするのか"と，監査側と被監査側が対立してしまうことがある．重箱の隅をつつくようないじわるな監査をされたと被監査側が感じ，単なる攻撃となってしまっては，被監査側も素直に対応する気がなくなってしまう．また逆に，監査側が"自分もできていないのに人のことを悪く言えないな"と遠慮してしまう場合もある．いずれにせよ，このような状況では監査の効果が上がらないばかりか，組織にとってマイナスになる可能性もある．この状態を解決する鍵は，監査の目的のとらえ方にあると思う．

　先ほどのケースでは，ルールに基づいた表面的なチェックをしているにすぎず，監査がリスクの指摘につながっていない．私たちが，ルールとリスクの対応を重視していることは既に述べたが，監査においては"ルールを守っていない"ことをただ単純に指摘するのではなく，被監査側に今後発生し得るリスクについて認識してもらうことを目指している．つまり被監査側が"このままでは危ないところだった．指摘してもらえてよかった．"と思うような監査である．そのためには，被監査組織の状況（環境，人，業務など）をよく確認してから，監査側，被監査側の双方が対話すること，そして検出した不備についてはなぜそうなっているのかを丁寧に掘り下げていくことが重要であると思う．

　読者の中には，そのようなマインド面を改善しても，結局，ルールの未順守が見られることでリスクがケアされずに存在していることを指摘する行為に変わりはないのではないかという意見もあるかしれない．だが，ルールを守っているか，守っていないかという視点で閉じるのではなく，リスクの指摘を受けてどうするのかを考えることにつなげることが重要である．ルールを順守することでリスクを低減できるのであれば，ルールを順守させるように是正するが，例えば，負担が大きいためルール順守が難しいのであれば，ルールを見直したり，その他のリスク対応策を考えたりするべきである．

4.3.3 考え方

私たちの考え方は，

"ルールに基づく監査から，リスクに基づく監査にすべき"

というものである．受けている人が，"よく気づかせてくれた，ありがとう"というような隠れたリスクの発見を目指す．それができれば，是正も，指摘されたことをただ単純に直すという視点から脱して，建設的な場とすることができる．私たちがとった解決方法を以下に紹介する．

4.3.4 解決方法の例

監査経験の豊富な監査員が潤沢にそろえられる環境であればあまり問題はないのかもしれないが，現実的なケースとして，監査経験があまり多くない監査員に，リスクに基づく監査を実践させるには，どのようにすればよいだろうか．私たちは監査項目のつくりに着目し，ルールの有無ではなく，リスクの有無を確認できるような監査項目を独自に作成した．そして，監査員教育を事前に実施し，この監査を本質的なものにしようと目標について意識合わせを実施した．

文書体系をシンプルにする際に現場が順守すべき事項はすべてオフィスマニュアルに集約したため，基本的にオフィスマニュアルに基づいて監査観点を抽出し，監査項目は，すべて想定されるリスクをともに書くようにした．これにより，何に対して指摘をしているのか，監査側も被監査側も理解を合わせることができるようになった．

さらに，監査員によって，監査の品質がバラバラになってしまわないように，監査員の判断基準を明確に定める工夫も行った．

─[従　来]─
【監査項目】
　ウィルス対策（対策ソフトの導入，スキャン方法，定義ファイルの更新，回復手順の整備等）を実施しているか．

4.3 気まずい内部監査から脱却するための本質的な視点とは　　149

[改善後]

【監査項目】
　パソコンの安全対策として，ウィルス対策ソフトについて以下が満たされているか．
・週1回以上のフルスキャンの設定
・リアルタイム保護が有効
・自動パターン更新が有効
・使用頻度程度のスキャン履歴がある

【想定されるリスク】
　ウィルス対策ソフトが適切に動作していないと，ウィルス感染のリスクがある．

【監査員の判断基準】
① 使用中のパソコン2台，共用端末2台（居室1台，会議室1台）のウィルス対策ソフトが指定のウィルス対策ソフトであることを確認する．［4台ともインストールされている→②へ，指定のウィルス対策ソフト以外がインストールされた端末がある→×］
② 上記端末で以下の設定が守られているか確認する．
・週1回以上のフルスキャンの設定が有効か
・リアルタイム保護が有効か
・自動パターン更新が有効か
・使用頻度程度のスキャン履歴が残っているか［全4台について，4項目すべてOK→○，不足あり→×］

　私たちは，このように監査の質を高める工夫を行った．
　監査員の判断基準を記載した監査項目の例について，表4.3に示す．

表 4.3 監査項目（例）

項番	監査観点 (オフィスマニュアルの章)	監査項目	想定されるリスク	監査員の判断基準
1	2.情報資産の取扱い	転出した人のHDDデータ消去確認書はあり，データが消去されていることを確認できるか．	HDDのデータが消去されていないと，転出先で情報が閲覧され，意図しない範囲の者による閲覧を防止できない．	①この1年間くらいで，事業部外へ転出し，パソコンを持って行った人など，HDDデータ消去確認書を2名分確認する．[2名ともある→○，記載不備又は1名分不明又は未取得→△，未取得→×] ※複数人において未取得が散見される場合は，管理がされていないと判断する．
2	6.物理的保護策	入退室ゲートのログはどのように保管し，誰がどの頻度で確認しているか．	入退室ゲートのログ管理がされていないと，不正入室があっても検知できず，漏洩が起こっていても外部からの苦情などの実害が確認されるまで気づかない状態に陥る可能性がある．	①誰がどのように保管しているか明確になっている．[いない→×，いる→②へ] ②記録を確認している人と頻度が明確になっている．[いない→△，いる→③へ] ③確認している記録が残っており，実物確認する．[ない→△，ある→○]
3	2.情報資産の取扱い	情報区分Sの資料（電子）は，ファイルサーバー上に保管しているか．保管している場合，パスワードを付与しているか．	パスワード付与されていないと，悪意のある者による盗難や持出しがされたときに内容を秘匿することができず，意図しない範囲の者による閲覧を防止できない．	①電子の情報区分Sはあるか口頭確認する．[ない→②へ，ある→③へ] ②サーバー上の担当のフォルダ（任意の場所でよい）において実際に検索してみて，情報区分S相当のものがないか確認する．[ない→―，ある→③へ] ③開くときに，パスワードがかけられているか確認する．[かけられている→○，かけられていない→×]
4	2.情報資産の取扱い	ラベルのないバインダーや紙ファイルが使用されていないか．すべての情報資産に情報区分ラベルが付与されているか．	情報区分がわからないと，適切な取扱いがなされず，意図しない範囲の者による閲覧を防止できない．	①担当書庫及び居室について，情報区分ラベルのない資料，又は背表紙に情報区分の表示がないバインダーや紙ファイルが複数の書庫で見受けられないか確認する．[無ラベルが複数あり→×，無ラベルが一つあり→△，無ラベルなし→○]

4.3 気まずい内部監査から脱却するための本質的な視点とは

表 4.3 （続き）

項番	監査観点（オフィスマニュアルの章）	監査項目	想定されるリスク	監査員の判断基準
5	3. 記録媒体・パソコン・携帯電話の取扱い	返却されたリライト可能な記録媒体（FD, CD-RW, DVD-RW）に情報の消し忘れがないか.	情報を消さずに媒体の返却・貸出しがされると意図しない範囲の者による閲覧を防止できない.	①担当内での記録媒体の返却・貸出しフローを担当者にヒアリングし，情報の消し忘れを防ぐ手順があり，実施されているか．（媒体返却時の申請書が担当独自様式であれば，その申請書に情報消去確認のチェックボックスを用意している，担当者が口頭で確認している等）［実施している→②へ，実施していない→×］ ② FD, CD-RW, DVD-RW のうち，2媒体について実際に情報の消し忘れがないか確認する．2媒体は，最近返却があった媒体と返却日がとても古い媒体を1媒体ずつ確認する．［情報の消し忘れなし→○，情報の消し忘れあり→×］
6	2. 情報資産の取扱い	オフィスの中で，入室可能者をさらに絞っているエリアのアクセス制御装置について，入室可能な人は特定できているか.	入室可能な人が特定されていないと，意図しない者による不正侵入を防止できない.	電子錠（番号で解錠する鍵）の場合は，解錠番号を伝えている人を確認する．カード認証の場合は，登録されている人の一覧を提示してもらう．それらの確認から，業務上，入室が不要な人又は転出者などが登録されていないことを確認する．［不要な人が含まれていない→○，直近1週間以内の転出者が含まれている→△，担当内だが業務上入室が不要な人が含まれている→△，1週間以上前に転出した人が含まれている→×，該当するエリアなし→―］
7	4. 情報システムの取扱い	パソコンの安全対策として，ウィルス対策ソフトについて以下が満たされているか． ・週1回以上のフルスキャンの設定 ・リアルタイム保護が有効 ・自動パターン更新が有効 ・使用頻度のスキャン履歴がある	ウィルス対策ソフトが適切に動作していないと，ウィルス感染のリスクがある.	①使用中のパソコン2台，共用端末2台（居室1台，会議室1台）のウィルス対策ソフトが指定のウィルス対策ソフトであることを確認する．［4台ともインストールされている→②へ，指定のウィルス対策ソフト以外がインストールされた端末がある→×］ ②上記端末で以下の設定が守られているか確認する． ・週1回以上のフルスキャンの設定が有効か ・リアルタイム保護が有効か ・自動パターン更新が有効か ・使用頻度程度のスキャン履歴が残っているか［全4台について，4項目すべて OK→○，不足あり→×］

表 4.3 （続き）

項番	監査観点 (オフィスマニュアルの章)	監査項目	想定されるリスク	監査員の判断基準
8	8. 非常時の対応	担当者が正しく緊急連絡ルートを把握しているか.	緊急連絡ルートを把握していないと，連絡・対応に遅れが生じ，円滑な事業継続に支障をきたす可能性がある.	緊急連絡ルートの存在を知っているかどうか，担当者2名にヒアリングする．[2名とも正確に知っている→○，2名とも，もしくは1名が正確に答えることができなかった→×]
9	5. オフィスでの注意点	窓際，廊下，通路などに持ち主の明確になっていないダンボール箱等が放置されていないか.	外部から見える場所や，来訪者が通る場所などに資料を放置していると，意図しない範囲の者による閲覧の対象となり得る.	現場確認をする［窓際，廊下，通路などに持ち主の明確になっていないダンボール箱等が放置されており，そのままになっている→×，ふたがしまっておらず，中身の閲覧が容易にできる→×，なっていない→○］
10	5. オフィスでの注意点	ホワイトボードの消し忘れがないか.	外部から見える場所や，来訪者が通る場所などに資料を放置していると，意図しない範囲の者による閲覧の対象となり得る.	オフィス，会議室にあるホワイトボードが消されていることを確認する．[すべて消されている→○，1台でも消されていないものがある→×]
11	6. 物理的保護策	共用ICカードは適切に管理されているか.	共用ICカードの貸与，返却が正確に管理されていないと，事業部外へ異動した要員が入室できる等のリスクが生じ，また，共用カード利用者の入退室について，ログから追跡不可能になる.	①共用ICカードを管理簿等で管理している．[管理している→②へ，管理していない→×] ②現場確認をする．[担当に残っているカードと管理簿を突合せて，内容に相違がない→③へ，相違がある→×] ③アカウント削除リストと払出管理簿を突合せし，事業部外へ異動済みの者に払い出されたままのカードがないかチェックをする．[問題なし→○，内容に相違あり→×]
12	8. 非常時の対応	業務用携帯電話を紛失したときに，どのようにするか所有者が把握しているか.	携帯電話を紛失時の利用停止措置等について正しく把握していないと，意図しない範囲の者による閲覧や悪用を防止できない.	業務用携帯電話使用者リストを参照のうえ，サンプルでヒアリングする対象者を1名決定する．遠隔ロックのかけ方を把握しているか口頭確認する．[操作方法及びロックの手続きを正しく把握し，速やかに実施できる→○，ロックの必要性は認識しているが，手続きは調べないとわからない→△，ロックの必要性を認識してない→×]

4.3 気まずい内部監査から脱却するための本質的な視点とは

以上のようにして，実施した監査に続いて，実施される是正予防処置について，私たちは，是正予防の1項目ずつに個票を作成していたことで，目的や内容以前に記録の管理に溺れていた．その個票には押印する箇所が何か所もあり，起票時，是正計画記入時，是正計画実施後という3段階でそれぞれ複数人の押印を求めていたため，書類のやりとりだけでも手間と時間がかかっていた．また，この方法の問題は手間や管理面だけではない．

それは，是正・予防の項目について，個別の問題なのか全体の問題なのかがわからないということである．一つの職場で検出された事項について，横並び確認は必要ないか，構造的な問題はないかというように事象を広くとらえて眺める視点が欠落してしまっていた．私たちは，同様の是正項目が，複数の担当から検出されているにもかかわらず，対処計画を個別に策定し，さらに計画内容にレベルの違いがあることを見過ごしていた．そこで，図4.3のように管理の方法を抜本的に変更することにした．

従来

紙による個票管理
・担当者間で持ち回り押印により確認する
　―持ち回りに手間がかかる
　―紛失の可能性がある
　―遅れや実施忘れを誘引した

改善後

	指摘事項	対応策	現在の状況	終了日
A担当-1	……	①〜〜〜〜〜 ②〜〜〜〜〜	①×××完了 ②×××完了	YYYY/MM/DD
A担当-2	……	①〜〜〜〜〜 ②〜〜〜〜〜	①×××実施中 ②未着手	
B担当-1	……			
C担当-1	……			
C担当-2	……			
C担当-3	……			

ISMS改善事項一覧

電子ファイルによる一覧管理
・共有フォルダ上のファイルを各担当で更新する
・情報セキュリティ委員会に毎回提出し，その時点の状況を委員長が確認する
　―手間が減り，管理もしやすくなった
　―実施忘れが少なくなった
　―横並び確認等の検討ができるようになった

図 4.3 是正予防のまとめ方の改善例

4. 工夫点

　私たちは全体を一覧表にし，組織全体で今何のリスクがあるのかをとらえられるようにした．この一覧表には，リスクアセスメントで検出したリスクに対するリスク対応計画も記入するようにし，事業部でひとつのToDoリストをもつようなイメージで一元管理を行うようにした．また，この一覧表は，共有ファイル化して各職場の担当者が進捗状況を記入し電子的に記録するようにした．そして，横並び確認の必要性やバランスの偏りなどがないか，情報セキュリティ委員会で定期的に確認するようにした．

　こうして，リスク対応計画に基づく実施項目と是正・予防項目の両方について，実施漏れや遅れをひと手間で一元的に把握でき，各項目の確実な実施ができるようになった．

4.3 気まずい内部監査から脱却するための本質的な視点とは　　155

手の打ちやすいことだけで満足していませんか

　コラム"あえて常識を大切にしよう"で，大事でないものの管理が厳重になる"逆転現象"の問題について取り上げたが，その原因と対策を考えたい．原因は，形があり目に見えやすいものには手が打ちやすく，そうした"手の打ちやすい管理策"だけで満足してしまうことではないだろうか．例えば，職場から故意に情報が持ち出されるリスクを考える．職場を見渡すと，物として形がある記録媒体や紙に目が留まり，"記録媒体に入れて持ち出す"，"印刷して紙で持ち出す"という手段を考えつく．そして，記録媒体の在庫管理や印刷制限などを徹底する．これらは，実施内容のイメージがつきやすく，管理策として提案しやすい．しかし，"私物の記録媒体に格納される"，"私物のスマートフォンのカメラで撮影される"，"オンラインストレージにアップロードされる"，"記憶される"といった手段への対策については，情報を持ち出していることが形として目に見えにくいことから，手を打ちにくく，知らず知らずのうちに目を背けてしまう．その結果，手を打ちやすい側面に偏った対策だけが残ってしまうことになる．

　ではそうならないために，管理策を策定する際の留意点は何であろう．

　それは，管理する"物"や"手段"に焦点を当てる前に，リスクの発生する"状況"に立ち返るということである．

　情報が不正に持ち出される際に悪用されそうな物ではなく，情報が不正に持ち出されるという状況に立ち返り，状況そのものをとらえるのである．例えば，"情報が不正に持ち出される"シーンを想定すると，"不正に閲覧している"場合と"閲覧を許可されている者が不正に持ち出す"場合とに分かれる．前者であれば，居室の入室対策やシステム権限設定について，後者であれば教育の有効性や職場のコミュニケーションの状態について等，様々な観点で確認すべき項目が洗い出される．そのうえで，本当に効果がある対策は何かを検討するのであり，物を管理すればよいという発想は偏った見方であることがわかると思う．なお，費用対効果により望むような対策を実施できない場合は，目を背けてしまうのではなく，その状況を直視し受容するとともに残存リスクとして認識し続ける姿勢が重要である．費用対効果であきらめていた対策であっても時間の経過とともに，コストに見合う有効な対策が現れるということもあるからである．

　このように，マネジメントシステムに有効な対策を取り込み，質の高いPDCAを回せるかどうかは，"手が打ちやすいところだけやって満足する"ことや"手が打ちにくいところから目を背ける"ことなく，"リスクの発生する状況"に立ち返って，本質的な管理策を検討できるかどうかにかかっている．

column

5. 活動を通じて得たもの

活動を通じて何が変わったか

　第1章でも述べたが，活動の前後でセキュリティ事象数は大幅に減少した．その主要因は，現場にとって"ISMSとは何か"という考え方が変化したことであるといえる．

　以前は，ルールで現場を厳重に縛ること，何重にも対策をとることが，とにかく最優先だという発想に偏っていた面があるが，現在では，ISMSは経営に貢献するものという発想に基づき，うっかりミスをしても実害に結びつけないための実用的なセーフティネットを作るという考えを取り入れ，今までの考え方とのバランスをとるようになった．このことで，現場におけるISMSの印象が，"納得がいかないもの"，"仕事の邪魔になるもの"から，"役立つもの"というように徐々に変わっていった．悪意がある場合を除いて，自ら進んでセキュリティインシデントの当事者になりたい社員などはおらず，インシデントを起こしてしまわないように仕事をしたいという思いがあることから，"このようにすると気をつけることができる"，"好ましくない事態を避けることができる"という情報は非常にスムーズに現場に浸透し，以前より現場の理解が大幅に進むようになった．このように，気をつけるべきことは何かという本質的な理解が事業部全体に進み，現場の一人ひとりがより安全に仕事をするためには何をどうすべきかを考えるようになったことで，全体としての事象数が減少したものと思う．

　次に，各作業にかかっていた時間も図5.1，表5.1のように激減した．

　全体として8割以上作業時間を減少させることができたが，すべての作業が均等に減ったのではなく，割合が大きくかつ無駄な部分そのものの作業を廃

158   5. 活動を通じて得たもの

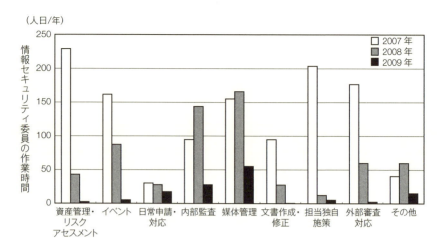

図 5.1　作業時間の変化

止するなどして達成した結果である．

　しかし，作業の削減そのものより，コミュニケーションが増したことが最も意義のある無駄の削減につながったのではないかと思う．

　以前の私たちは，教育・訓練，内部監査の実施などの各イベントの実施前，担当側はきっと"また何かさせられるのか"と苦情をぶつけてくるだろうという警戒心を強くもっていた．そのため，本当に情報セキュリティ委員会に参加するのは憂鬱だった．現場と日々のコミュニケーションも十分にとれていなかったため，会議の場では"説得する"ことを目標に，様々な補足資料を大量に用意するようにしていた．

　そのような状況が，本書で紹介した活動を通じ，現場と運営組織は日常的にコミュニケーションがとれるようになったことで，無用な準備に時間をかけることなく，課題認識を共有できたり，実施方法を相談してすぐに決められたりするようになった．これには，リスクアセスメントを協働で実施するようになったことや，定例会議で全員を1か所に集めるのではなく，各担当に運営組織が訪問して個別に実施する方法を取り入れたことなどによる，現場の納得感のある ISMS に近づける活動が功を奏したものと思う．

活動を通じて何が変わったか

表 5.1 作業時間の変化

情報セキュリティ委員の作業時間（人日/年）

	2007	2008	2009	2009/2007 の変化	備考
情報資産管理・リスクアセスメント	230	45	4	98%減	情報資産管理台帳を廃止し，リスクアセスメント方法を改善した．
イベント（内部監査以外の教育・訓練，是正予防，有効性測定，マネジメントレビュー，委員会）	162	89	7	96%減	教育・訓練の実施単位を担当ごとの集合形式ではなく各自のPCで実施する形式等にした．また，是正・予防計画，リスク対応計画を単票から一覧形式にした．
日常申請・対応	32	29	19	41%減	
内部監査	96	145	30	69%減	
媒体管理	156	166	56	64%減	
文書作成・修正	95	30	2	98%減	担当版文書を廃止し，事業部版に集約した．
担当独自施策	204	14	7	97%減	担当独自施策を原則廃止した．
外部審査対応	177	61	5	97%減	外部審査前にあわてて記録を整理したり，居室を掃除したりすることを行わなくなった．
その他	43	60	16	62%減	
合計（人日/年）	1,195	639	146	88%減	
合計（人月/月）	5.0	2.7	0.6	88%減	

活動開始以前の，現場と推進側の対立

　各担当の代表者は，"必要なことであるならば対応するのはやぶさかではないが，最低限にしてほしいし，極力推進側で対応してほしい"と主張していた．一方，推進側は，審査のために作成してもらいたい資料や出席してほしい会議の依頼をするための協力は取りつけたいが，そもそもこれらは現場のためにやっていることであるとの意識があり，"自分たちに協力するのは当たり前だ，作業を嫌がるのであれば，自己責任だ"という思いもあり，双方は互いに厄介な作業を押しつけあうようになっていた．おそらく，この場合平常時はどちらかが我慢することで済まされるが，審査前になるとただでさえ厄介な作業が，より厄介なものにパワーアップしてしまう．例えば，取られているはずの記録がとられていなかったり，片づけられているはずの部屋が散らかっていたりすることで，双方焦り，あわてて審査前に取り繕う後ろ向きな作業に追われていた．特にこのような作業の割合が大きくなると，こんなことをしていても本質的な意味がないという意識が広がってしまい，ISMS自体うんざりだという認識が蔓延してしまっていた．

　このようなケースの場合，現場とスタッフ，どちらに責任があり，どちらが作業をすべきだったのかという議論をしてもあまり事態は改善しない．どちらにせよ，問題は，作業そのものが厄介なことにあるからである．このとき，"無駄なことはやめよう"という共通のゴールをどちらからともなく提案し，二者の間に設定できることにより，まずは解決の糸口をつかめるはずである．しかし，削れる部分は限定的だとして改善が中途半端に終わると，結局だめだったかという徒労感だけが残り，関係者のモチベーションが下がってしまう．これでは何もよくならない．

　かく言う私たちもこれらのよく陥る落とし穴に何度も足を取られながら，必死に前に進んだことで，なんとか成功までたどり着いた．では，一体何がキーだったのか，自分たちで振り返ってみると，私たちが成功の要因としたもの，それはおおむね以下の二つにまとめられる．

第一に"粘り強く考える"ということである．

常識や慣習，それも今まである程度評価されていることをわざわざ変えるということは，それなりの労力が必要である．いくら机上でうまくいきそうだと思っても，様々な人から意見をもらうたびにほころびが見えてしまい，せっかくあげた旗を降ろして，無難な現状踏襲の道へと戻ってしまう．しかし，そうならないためには，徹底的に考え，ほころびのない高い次元の道理にたどり着かなければならない．従来のやり方の何が，ではなく，従来の考え方の何がどう違うのか，新しい考え方は今までの常識にどう打ち勝つのか，を考え，論拠をもたないと，新しい考えは実績がないので信頼されない．私たちは，無駄なルールが多いのはなぜなのかについて徹底的に考え，リスクアセスメントの機能不全という解にたどり着いた．情報資産管理台帳の作成が無意味化しているのはなぜなのかについて徹底的に考え，常識とされている規格の解釈が偏っていることに気づいた．いずれも，"情報資産管理台帳の作成が大変であれば，ツール化して手間を削減する"というレベルの改善では，前進しないという認識をもち，真因を検討し続けた．こういった，考えることを避けない覚悟で，"まあ現状のままでいいか"の一歩先の領域に踏み込むことが成功の要因の一つになったと考えている．

第二に"勇気をもってやりきる"ということである．

考え抜いたうえで，何をすべきかわかった，理由も論拠もしっかりしている．でも，本当にやるの？という気持ちが生まれるのはよくあることだ．特に，ルールの削減などは繁忙を極める現場には受け入れられても，親切で慎重な人ほど"大丈夫なの？"と心配の声をあげる．また，"そんなことして審査に通った組織，聞いたことないよ"という善意のブレーキをかける人もいる．しかし，このときに必要なのは，やはり勇気だ．なぜならば，何かを変えるのは大変なことであっても，何をすべきかわかったのであれば，それを行動に移すのがプロフェッショナルだからだ．"どうすればいいかはわかってはいるんだけど，なかなか実行に移せないんだよね"と愚痴を，プロとして信頼している自分の主治医が患者であるあなたに発言したら，ぞっとするだろう．

また上記2点の共通的な背景として，解決に向けた環境が整っていたことも成功の一要因だった．現場も負担感の削減を強く望んでいたため，現状認識の際には，なるべく多くの社員から話を聞いた．ただ，解決策を検討する段階では，議論の発散を防ぐため，セキュリティに関する知識のあるメンバー数人に絞り，来る日も来る日もそのメンバーだけで検討した．もう少し現場を巻き込みながら進める方法もあったとは思うが，結果的には，解決に強烈なコミットメントを感じざるを得ないくらいメンバーを絞り込むことで，問題点の解決に向けた動きが散漫にならず，突っ込んだ議論がスムーズにできたことから，大人数でじっくり案を出し合う全員参加型より，効果が高くなったのではないかと感じている．

　また解決策の案をミーティングなどの場で確認するとき，途中段階では当然論理に飛躍があったり根拠が不十分であったり，"抜け"や"漏れ"があったりする．そのときに，確認者として入ってもらった上長の，厳しい中にも愛のある対応がこの取組みの成否を決めたと思う．つまり，上長が"これでいいの？"という姿勢が，基本的に主旨を理解して応援する立場で改善点を指摘してくれるものであればよいが，認めないことを前提として鋭い指摘を繰り返すものであると，アイデアも士気も縮小し，改善案は無難なものに成り下がってしまう．もともと"手を抜こうとしている"という文脈でとらえられかねない取組みであるため，上位職がどれだけ，真意を理解し，応援する立場で部下をサポートできるかが重要なファクターであったと思う．どれだけ部下の説明が不十分であったり，理由づけが未熟であったりしたとしても，関係する上長が改善の種となるひらめきをとにかく殺さず，慎重に保護しようとする雰囲気を作り出し，このプロセスを楽しめるようにする風土が形成されると連鎖的に改善が実現されやすくなると思う．

　結局，これらの活動を経て，現場との関係性はどうなったか．

　当初，意外にも現場は戸惑った．これを減らして大丈夫なのか，減らしすぎているのではないか，という不安を言われる方がかなり多かった．しかし，ISMS認証を通過し，審査員からも本質化・効率化について評価をいただくこ

とで，徐々にセキュリティは効率的に実施してもいいんだという認識が広がり，今では，現場と推進側の過去の対立が嘘のように友好的で，かつ補完しあう関係になっている．特に，ゆとりが生まれたことで，セキュリティにかかわらず組織風土が改善したと感じることが多い．無駄なことはやめていこう，お互いが得意なことで助け合おうということを言い合えるようになったことは大変すばらしいことである．さらに，以前であれば考えられなかった"もっとこのルールを強化し，安全性を高めたほうがよい"という提案を現場の最先端にいる方から受けるようになった．組織全体がそれぞれの立場で本音を言い合えるようになったことは何よりも素晴らしい変化だといえる．

　このように今では，現場から"ルールを少し重くしたほうがいいのではないか"という提案や，"今度私の部署では新しいプロジェクトで，今までとは異なる性質の情報を扱うことになった．個別にリスクアセスメントを実施したほうがよいと思うので，相談に乗ってほしい"という連絡をもらうようになった．また，教育の実施後に"このような教育はもっと頻度を上げて定期的に実施してほしい"などの前向きな意見が多数見られるようになった．これらはもっと安全に，より効率的に仕事をするために，人の手によって運営しているところを仕組み化しよう，ミスのないようにしようという現場の生の声であり，現場と私たちは建設的な意見を交換できる関係を築くことができた．これは，情報セキュリティ活動がまさに"やらされるもの"というとらえ方から，"どうすればよりよいかを導き出すもの"というとらえ方に変わってきている証拠であるといえる．

スタッフの競争力とは

　本書に書かれている取組みについて，どのような印象をもたれたであろうか．筆者自身は，一介の事業部のスタッフとして，たまたま，よき仲間やよき上司に恵まれたことで，この取組みを推進することができたにすぎないが，読者各位が組織のスタッフで，本書の内容に共感していただけたなら，ぜひ行動

に移していただきたいことが一つだけある．それは，"スタッフの競争力"を考えることである．

　営業の方，製造現場の方，サービス業の方，様々な立場があると思うが，実は業界問わず組織の中にいて社員向けにサービスをしているスタッフと呼ばれる方は，極めて保護された世界に生息しているということをまず自覚していただきたい．保護されているとは，競争をしていないという意味である．ライン・アンド・スタッフ組織におけるスタッフとは，組織長の膝元で権限を強くもち，現場にあれこれ指示できる．しかし，ラインである現場が，スタッフ組織を選択する制度のある会社は果たしてあるだろうか．つまり，当社でいえば営業や開発現場が他社と競争をしている一方で，スタッフは競争にさらされず，権限だけ与えられているという立場にいるのだ．

　特に組織が大規模になると，スタッフは増員していく．筆者もそのうちの一人だが，私たちスタッフにとって，何が大切かの軸が現場の人の軸と同じだと思い込んではいけない．例えば，現場の状況を知るためのリアルタイムで正確な報告，新しい仕組みの創出や施策の実施など，しっかりした組織の統括のために自分たちがよいと思ってやっていることの多くは，確かに悪いことではない．ただ，スタッフが何かするたび，何か依頼するたび，現場の手をいちいち止めさせていることは紛れもなく事実だ．私たちはそうするだけの対価を生み出し，手を止めてくれた方に返しているだろうか．その対価を高めることが，スタッフの競争力というものではないか，と私たちは気づいた．この本質化・効率化の取組みの中で，ずっと心にとどめて続けたのはこうした信条である．

あ と が き

　本書に書かれている ISMS の運営活動に参加したきっかけは，当時の上司から"運営組織が悩んでいるから話を聞いてやってくれ"だった．それまで組織の一員としてルールを守る側ではあったが，JIS Q 27001 すら見たことがなかった私が運営側の責任者として何ができるか，"無知の知"しかなかった．ルールを守る側の立場で問いをしつこく繰り返すしかなかった．

　そうした中，悩みはすぐに共有できた．現場で行われている ISMS の運用は非常に重く，様々な矛盾をかかえたものだった．さらに，増えることはあっても減らないルール．そのことが運営側もルールを守る現場も疲弊させていた．同じ課題をもち同じ目標に向かうべき両者が知らず知らずのうちに距離が離れてしまうという構図を生んでいた．

　"情報資産管理台帳を廃止したい"と真顔で運営組織のメンバーに言われ笑いがこみ上げてきたのを覚えている．笑いの意味は半々だったと思う．そんなことできるの？という笑い．新しいものに挑戦するときのわくわくする笑い．実は既にそのとき，本質化・効率化への活動は始まっていた．本書 1.1 節に示した"効果は少ないが手間がかかるタスク"の洗い出しを 1 年がかりで行っていたし，ルールの改善についても取り組んでいた．その本丸が新たなリスクアセスメントの方法であり，情報資産管理台帳の廃止であった．情報資産管理台帳を入力とする従来のリスクアセスメントから脱却を図るべく，新しいリスクアセスメントの論理はある程度作られていた．あとはその改善の芽をいかにして大きな樹に育てるかが責任者としての使命だと思った．ISMS の年間活動計画でリスクアセスメントを実施する時期も決めていたので，実行に移すまでにあまり時間はなかった．新しい手法であり，ISMS の認証が継続できなければお客様等の利害関係者からの期待や信頼を損なうかもしれないという中で，組織内外の関係者には懐疑的な人も多くいた（責任ある管理者としては当然の反応と思う）．そのような人からの一つひとつの問いで覚悟を問いただされ

れているとも感じた．"ISMSを維持できなかったら責任を取る"（実際にどうやって責任を取るかなんて考えてもいなかった）などと格好つけたことを言っていたと記憶しているが，"やる"という意思表示を崩さなかったのは，論理を構築したメンバーが一つひとつの問いに対して最後まであきらめず，こだわりと責任をもって答えを出し続けてくれていたからである．結果的に新たなリスクアセスメントを採用し活動を行ったことで，本質化・効率化につながり，ISMS認証も継続することもできた．

メンバーに恵まれたと言ってしまえばそれまでだが，本書の読者，特に活動の責任を負う皆さんが，"改善の芽"を一笑に付すことなく，わくわくしながら大きな樹になるまで一緒に育てていくことをお願いしたい．笑ってしまうようなことこそ自分の既存概念にはない原石かもしれない．

本書は，ISMSを構築し，運用を継続している組織の方，特に運営側の皆さんには，共感をもって読んでいただけたのではないかと思う．

逆にこれから初めてISMSに携わる方には，当たり前のことが多く書かれているように感じられるかもしれない．"無駄なルールは減らしてもいい"という一見当たり前のことが，何をもって無駄とするか定義して減らしていくとなると現実的には難しい．両手に荷物をいっぱいに持っている状況で，"無駄な荷物は捨てましょう"と言われても，どれが無駄でどれが必要かもわからない状況では何を捨てたらいいかわからないだろう．セキュリティ活動に空白は作れないので，増えすぎたルール，すなわち両手いっぱいの荷物を持ちながら無駄なものを探すという改善活動はますます困難になっていくだろう．

本書で言いたかったのは情報資産管理台帳を廃止できる解釈であり，新たなリスクアセスメントのやり方であるわけであるが，自分たちがもっている情報資産とは何かを問うような段階から初めてISMSを構築する組織にとって，台帳を作ってみるというやり方は有効なものだと考える．どんな情報資産があるかわからない状況ではそれを分類することもできない．自分たちの情報資産を把握するためには有効な方法であろう．また，本書で紹介した新しいリスク

アセスメントについては従来の方法に比べて，運営サイドのスキルアップが成功の鍵を握ることになる．

　要するに，組織の成熟度に応じた方法を，それぞれの階層にいるそれぞれの人が思考を止めず，判断し選択していくことが重要だということである．決して思考を止めずに解決策を模索し続けていただきたい．当組織の行っている改善活動にももちろん終わりはない．

　最後に，これまでの当組織のISMSの礎をつくるのに携わってきた多くの方々に感謝申し上げたい．"本質化・効率化をする"ということを声を大にして言えるようになったのは，何もないところから情報セキュリティのレベルを高める努力を行っていただいた多くの方々のおかげである．
　そういった皆さんの築いた礎の上で展開した本書で紹介した内容が，一人でも多くの読者の皆さんの役に立てれば深甚の喜びである．

西村　忠興

索　引

アルファベット

ISMS　11
　——の意図した成果　33, 35, 41, 68
　——の効果　30
　——の本質　31
JIS Q 27001　11
MBO　34
PDCA サイクル　12
Tips　141

う

うっかりミス　141

か

改善という名の改悪　19
回復　81
確実度での評価　80
過剰な管理の原因　27
可用性　56
完全性　56
管理の肥大化を招く要因　28

き

機密性　56
脅威　63
教育・訓練　138
記録媒体の管理　22

け

検知　81

こ

コミュニケーション　158

し

資産価値　87
資産目録　53
受容可能レベル　63, 89
情報区分　54, 84, 87
情報資産　84
　——価値　63
　——目録　55
情報資産管理台帳　19, 49
　——の見直し・リスクアセスメント　21
情報セキュリティ委員会　17
情報セキュリティインシデント　16
情報セキュリティ運営組織　17
情報セキュリティ事故　16
情報セキュリティ事象　16, 27
情報セキュリティの機能　81
　——別の評価　81
情報セキュリティ方針　33, 36, 41
情報セキュリティマネジメントシステム　11
情報セキュリティ目的　33, 36, 42

せ

脆弱性　63, 66, 96
セキュリティ事象発生数　14

そ

組織の目的　33, 35, 40

170

組織風土　163

た

多重防御　67

ち

チェックリストの使い方　28
チップス　141

て

適用宣言書　133

と

トレーサビリティ　65, 96

な

内部監査　146
なぜなぜ分析　27

は

媒体　87

ひ

ピントがずれたルール　23

ふ

フェールセーフ　29
負担感のあるISMS　12

ま

マニュアル　125
マネジメントシステムの質的向上　98

も

目標管理　34
目的設定のあり方　29
模式図　101

よ

抑止　81
予防　81

り

リスクアセスメントシート　64
リスクアセスメントのポイント　63
リスク源　77
リスクに基づく監査　148
リスクのコントロール　29
リスクレベル　83

る

ルールとリスクの対応　58, 59, 65
ルールの肥大化　57
ルールを減らすことへの恐れ　57

ISO/IEC 27001:2013（JIS Q 27001:2014）改正対応版
**実例　情報セキュリティマネジメントシステム（ISMS）
の本質化・効率化**

定価：本体 1,900 円（税別）

2012 年 11 月 8 日　第 1 版第 1 刷発行
2015 年 3 月 16 日　第 2 版第 1 刷発行

編　　者　株式会社 NTT データ
発 行 者　揖斐　敏夫
発 行 所　一般財団法人 日本規格協会
　　　　　〒 108-0073　東京都港区三田 3 丁目 13-12　三田 MT ビル
　　　　　　　　　　　http://www.jsa.or.jp/
　　　　　　　　　　　振替　00160-2-195146

印 刷 所　日本ハイコム株式会社
製　　作　有限会社カイ編集舎

Copyright © 2012–2015 NTT DATA CORPORATION
ISBN978-4-542-30543-4　　　　　　　　　　　Printed in Japan

● 当会発行図書，海外規格のお求めは，下記をご利用ください．
営業サービスチーム：(03)4231-8550
書店販売：(03)4231-8553　注文 FAX：(03)4231-8665
JSA Web Store：http://www.webstore.jsa.or.jp/

図書のご案内

対訳 ISO/IEC 27001:2013
（JIS Q 27001:2014）
情報セキュリティマネジメントの国際規格
［ポケット版］

日本規格協会　編

新書判・216ページ
定価：本体 3,900 円（税別）

【主要目次】
ISO/IEC 27001 : 2013
Information technology—Security techniques
—Information security management systems
—Requirements
　Foreword
　0　Introduction
　1　Scope
　2　Normative references
　3　Terms and definitions
　4　Context of the organization
　5　Leadership
　6　Planning
　7　Support
　8　Operation
　9　Performance evaluation
　10　Improvement
　Annex A(normative)
　　Reference control objectives and controls
　Bibliography

ISO/IEC 27000 : 2014
Information technology—Security Techniques
—Information security management systems
—Overview and vocabulary
　0　Introduction
　1　Scope
　2　Terms and definitions

JIS Q 27001:2014
情報技術―セキュリティ技術
―情報セキュリティマネジメントシステム
―要求事項
　まえがき
　0　序文
　1　適用範囲
　2　引用規格
　3　用語及び定義
　4　組織の状況
　5　リーダーシップ
　6　計画
　7　支援
　8　運用
　9　パフォーマンス評価
　10　改善
　附属書A（規定）
　　管理目的及び管理策
　参考文献

JIS Q 27000:2014
情報技術―セキュリティ技術
―情報セキュリティマネジメントシステム
―概要及び用語（抜粋）
　0　序文
　1　適用範囲
　2　用語及び定義

JSA　日本規格協会　　http://www.webstore.jsa.or.jp/

図書のご案内

ISO/IEC 27001:2013
（JIS Q 27001:2014）
情報セキュリティ
マネジメントシステム
要求事項の解説

中尾康二　編著
山﨑　哲・山下　真・
日本情報経済社会推進協会　著

A5判・182ページ
定価：本体 2,500円（税別）

【主要目次】
第1章　ISO/IEC 27001（JIS Q 27001）の概要
1.1　情報セキュリティマネジメントシステム（ISMS）の意義
　1.1.1　マネジメントシステム（MS）とは何か
　1.1.2　情報セキュリティ（IS）とは何か
　1.1.3　ISMSとは何か
　1.1.4　ISMSの国際規格制定の目的とねらい
1.2　ISO/IEC 27001（JIS Q 27001）の改正の趣旨と主要な改正点
　1.2.1　マネジメントシステム規格の共通化の適用
　1.2.2　ISO 31000に基づく情報セキュリティアセスメント及び情報セキュリティリスク対応
　1.2.3　情報セキュリティ目的の役割とその概要
　1.2.4　他の管理策群への対応
　1.2.5　情報セキュリティパフォーマンス及びISMSの有効性の評価
第2章　用語の解説
2.1　ISO/IEC 27000ファミリ規格の用語規格 ISO/IEC 27000の成り立ち
2.2　ISO/IEC 27001の用語及び定義
　2.2.1　組織に関連する用語及び定義
　2.2.2　情報セキュリティに関連する用語及び定義
　2.2.3　情報セキュリティリスクマネジメントに関連する用語及び定義
　2.2.4　評価に関連する用語及び定義
第3章　要求事項の解説
第4章　"附属書A（規定）管理目的及び管理策"の概要
4.1　附属書Aの位置付け
4.2　ISO/IEC 27001:2005の附属書Aとの対比
4.3　各箇条の概要
第5章　重要な補足事項
5.1　改正されたISO/IEC 27001への認証の移行について
5.2　リスクの概念の改正とその解釈について
5.3　セクター別の認証について
5.4　国際規格化の活動について
付録1　SD3 ISO/IEC 27001及びISO/IEC 27002 新旧対応表について
付録2　ISMS認証制度の概要

日本規格協会　http://www.webstore.jsa.or.jp/

図書のご案内

[2013年改正対応] やさしい ISO/IEC 27001（JIS Q 27001）情報セキュリティマネジメント
新装版

高取敏夫・中島博文　共著

A5判・144ページ
定価：本体 1,500円（税別）

【主要目次】

第1章 ISO/IEC 27001を知るための20のQ&A
- Q1 ISO/IEC 27001は，何について規定している規格のことですか
- Q2 ISO/IEC 27001の認証を取得するとは，どんな意味ですか
- Q3 ISO/IEC 27001でいう"情報セキュリティ"とは，どのようなものでしょうか
- Q4 情報セキュリティは，情報であれば何でも対象になりますか．例えば，個人情報も対象になると思ってよいのですか
- Q5 情報セキュリティに関して，あえて規格を定めた理由はなんですか
- Q6 ISO/IEC 27001の要求事項では，誰が何をすることを求めているのですか
- Q7 ISO/IEC 27001の制定の経緯を教えてください
- Q8 ISO/IEC 27001とISO/IEC 27000"用語及び定義"との関係を教えてください
- Q9 ISO/IEC 27001とISO/IEC 27002"情報セキュリティ管理策の実践のための規範"との違いは何ですか
- Q10 情報セキュリティについて書かれたJISは，JIS Q 27001のほかにありますか
- Q11 ISO/IEC 27001は，法規制との関係はありますか
- Q12 ISMS適合性評価制度とは，何ですか
- Q13 現在使われているISMS認証基準とは，どのようなものですか
- Q14 ISMSの認証を取得したい場合には，どのような手続きをすればよいのですか
- Q15 ISO/IEC 27001の活用によるメリットを教えてください
- Q16 ISO/IEC 27001を導入すれば，企業にとっての情報セキュリティ管理は万全と言えるのでしょうか
- Q17 ISO/IEC 27001や他の情報セキュリティ規格などの今後の動向を教えてください
- Q18 ISO/IEC 27001:2005とISO/IEC 27001:2013との違いは何ですか
- Q19 ISO/IEC 27001:2013における情報セキュリティリスクアセスメントについて教えてください
- Q20 ISO/IEC 27001:2013とマネジメントシステム規格（MSS）共通要素との関係を教えてください

第2章 ISO/IEC 27001って何だろう
- 2.1 ISO/IEC 27001の誕生
- 2.2 ISO/IEC 27001の制定の経緯
- 2.3 ISO/IEC 27001の構成
- 2.4 ISO/IEC 27001要求事項の概要
- 2.5 情報セキュリティに関する規格の国際的な動き

第3章 ISO/IEC 27001と認証制度のかかわり
- 3.1 ISMS適合性評価制度とは何か
- 3.2 審査登録制度の概要
- 3.3 ISMS制度とISO/IEC 27001

第4章 ISO/IEC 27001（JIS Q 27001）ってどんな規格だろう
- 4.1 ISO/IEC 27001を理解するための予備知識
- 4.2 ISO/IEC 27001:2013（JIS Q 27001:2014）の構成
- 4.3 組織の状況
- 4.4 ISMSの計画
- 4.5 運用
- 4.6 パフォーマンス評価
- 4.7 改善
- 4.8 リーダーシップ
- 4.9 支援
- 4.10 附属書A（規定）管理目的及び管理策

第5章 企業や団体はどう対応したらよいのか
- 5.1 ISO/IEC 27001を導入する前に
- 5.2 適切な導入のために
- 5.3 審査は変わる

付録 JIS Q 27001要求事項の新旧対応表

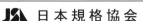

日本規格協会　http://www.webstore.jsa.or.jp/

図書のご案内

ISO/IEC 27002:2013
（JIS Q 27002:2014）
情報セキュリティ管理策の実践のための規範 解説と活用ガイド

中尾康二　編著
北原幸彦・武田栄作・中野初美・
原田要之助・山下　真　著

A5 判・356 ページ
定価：本体 3,800 円（税別）

【主要目次】
第1章　ISO/IEC 27002 (JIS Q 27002) の概要
　1.1　情報セキュリティとは
　1.2　ISO/IEC 27002 (JIS Q 27002) の位置付け
　1.3　ISO/IEC 27002 (JIS Q 27002) 管理策の採否
　1.4　ISO/IEC 27002 (JIS Q 27002) に関連する活動
　1.5　ISO/IEC 27002 (JIS Q 27002) の改正の趣旨と主要な改正点
第2章　用　語
　2.1　用語及び定義
　2.2　定義されていない用語
第3章　ISO/IEC 27002 (JIS Q 27002) の解説
　0　序文
　1　適用範囲
　2　引用規格
　3　用語及び定義
　4　規格の構成
　5　情報セキュリティのための方針群
　6　情報セキュリティのための組織
　7　人的資源のセキュリティ
　8　資産の管理
　9　アクセス制御
　10　暗　号
　11　物理的及び環境的セキュリティ
　12　運用のセキュリティ
　13　通信のセキュリティ
　14　システムの取得，開発及び保守
　15　供給者関係
　16　情報セキュリティインシデント管理
　17　事業継続マネジメントにおける情報セキュリティの側面
　18　順守

日本規格協会　http://www.webstore.jsa.or.jp/